MINISTÈRE DE L'AGRICULTURE

DIRECTION DES SERVICES SANITAIRES ET SCIENTIFIQUES
ET DE LA RÉPRESSION DES FRAUDES

INSTITUT

DES RECHERCHES AGRONOMIQUES

ORGANISATION

PARIS

IMPRIMERIE NATIONALE

1922

MINISTÈRE DE L'AGRICULTURE

DIRECTION DES SERVICES SANITAIRES ET SCIENTIFIQUES

ET DE LA RÉPRESSION DES FRAUDES

INSTITUT
DES RECHERCHES AGRONOMIQUES

ORGANISATION

PARIS

IMPRIMERIE NATIONALE

1922

TABLE DES MATIÈRES.

ANNEXE.

RAPPORT

AU PRÉSIDENT DE LA RÉPUBLIQUE FRANÇAISE.

(Journal officiel du 28 décembre 1921.)

Paris, le 26 décembre 1921.

MONSIEUR LE PRÉSIDENT,

Si la science agronomique, ayant percé le mystère de la vie des plantes était arrivée à ce point de perfection que les lois qui régissent la grande industrie biologique, c'est-à-dire l'agriculture, nous fussent désormais connues, il n'y aurait plus à se préoccuper que d'en diffuser la connaissance par les meilleures et les plus rapides méthodes d'enseignement.

Il n'en est pas ainsi.

Certes, l'application généralisée de ce que nous savons déjà permet d'escompter un relèvement considérable de notre production agricole et les services d'enseignement, ainsi que les offices agricoles, s'y emploient activement.

Mais combien de problèmes restent encore à résoudre, dont l'étude ne peut être poursuivie avec fruit que par les méthodes scientifiques, dans des stations et laboratoires aménagés à cet effet, par des chimistes, des physiciens, des physiologistes et des naturalistes :

Recherche de variétés végétales et animales plus productives ;

Recherche des moyens d'accroître la fertilité des sols par l'étude microbiologique, chimique et physique des terres et par une étude plus complète des engrais ;

Recherche des procédés de lutte à employer contre les maladies parasitaires qui sévissent, à des degrés divers, sur toutes nos cultures et sur notre cheptel ;

Recherche des principes d'une alimentation rationnelle de l'homme et des animaux en vue d'une meilleure utilisation des produits agricoles, etc.

La nécessité d'avoir un service de recherches scientifiques appliquées à l'agriculture s'impose donc, et le Parlement l'a compris puisqu'il a décidé que, sur les crédits inscrits au chapitre 30 du budget du Ministère de l'agriculture (offices agricoles) de 1921, une somme de 2 millions serait

2.

affectée aux recherches dont il s'agit. Ce vote a entraîné l'insertion dans la loi de finances dernière, de l'article 79, qui contient, en substance, ce qu'avait proposé le Gouvernement en déposant, le 31 juillet 1920, un projet de loi portant création d'un Institut des recherches agronomiques doté de la personnalité civile et de l'autonomie financière (1). Cet article de loi, laissant au Gouvernement le soin de fixer l'organisation et les conditions de fonctionnement dudit institut et de déterminer la nature des recettes destinées à assurer son fonctionnement, j'ai l'honneur, d'accord avec M. le Ministre des finances, de soumettre à votre haute sanction, les deux projets de décrets ci-après, qui ont pour objet l'organisation de l'institut des recherches agronomiques sur les bases suivantes :

L'institut est chargé, sous l'autorité du Ministre de l'agriculture, d'administrer l'ensemble des stations et laboratoires dépendant actuellement du Ministère de l'agriculture ou subventionnés par lui (direction des services sanitaires et scientifiques et de la répression des fraudes), auxquels viendront s'ajouter les établissements que l'institut jugera utile de créer.

Tous les frais d'entretien ou de construction sont à sa charge; de même, il se substitue au Ministère de l'agriculture pour subventionner les stations et laboratoires appartenant à d'autres administrations où se poursuivent des recherches intéressant l'agriculture et pour accorder des missions aux savants qui se livrent, à titre personnel, à des recherches du même ordre.

L'institut a, d'autre part, pour mission essentielle, de coordonner les efforts des techniciens, de provoquer les recherches, d'orienter le personnel des laboratoires vers les problèmes dont la solution paraît susceptible d'utilisation pratique immédiate et non vers la science spéculative; dans ce but, il organise une bibliothèque centrale avec un service de fiches documentaires destinées à être fournies, sur leur demande, aux divers laboratoires et stations, et il publie un recueil des travaux scientifiques donnant, chaque année, l'état de la science, tant en France qu'à l'étranger.

Le personnel actuel des stations et laboratoires comprend un cadre de 115 fonctionnaires, dont le statut a été fixé par le décret du 25 août 1921, et un certain nombre d'auxiliaires, variable avec les besoins du service.

Il ne sera rien changé à l'égard du personnel titulaire, qui continuera à être rétribué sur les crédits du budget du Ministère de l'agriculture, mais sera placé sous l'autorité du directeur de l'institut; le tableau d'avancement sera annuellement dressé par le Conseil d'administration de l'institut qui, le cas échéant, fonctionnera comme Conseil de discipline.

(1) Voir ce projet page 69.

Par décret contresigné par le Ministre des finances, le cadre des agents titulaires pourra être augmenté au fur et à mesure des besoins qui résulteront de la création de stations nouvelles.

Quant au personnel auxiliaire actuel, il cessera d'être rétribué directement par le Ministère de l'agriculture et relèvera dorénavant directement de l'institut. Il fera partie du personnel auxiliaire temporaire des stations et laboratoires dans les conditions fixées par le second des projets de décrets ci-joints. C'est au moyen de ce cadre auxiliaire qu'il sera pourvu, en partie, au fonctionnement des nouvelles stations et des nouveaux laboratoires qui seront créés par l'institut.

En dehors du personnel technique ci-dessus, l'institut aura un personnel administratif propre, constituant son service central et comprenant, notamment, un directeur et un agent comptable.

Il s'agit d'un personnel peu nombreux, dont le statut est également fixé par le même projet de décret et qui, nommé par le Ministre, sera rétribué directement aussi par l'institut.

Il est prévu que la plupart des emplois dont il s'agit pourront être remplis, au moins provisoirement, par des fonctionnaires appartenant au Ministère de l'agriculture et auxquels s'appliqueront les règles du cumul.

Veuillez agréer, Monsieur le Président, l'hommage de mon respectueux dévouement.

Le Ministre de l'agriculture,

E. Lefebvre du Prey.

DÉCRET DU 26 DÉCEMBRE 1921

PORTANT ORGANISATION

DE L'INSTITUT DES RECHERCHES AGRONOMIQUES.

(Journal officiel du 28 décembre 1921.)

Le Président de la République française,

Sur le rapport du Ministre de l'agriculture,

Vu l'article 79 de la loi de finances du 30 avril 1921, portant création de l'Institut des Recherches agronomiques et ainsi conçu :

« Il est institué au ministère de l'agriculture un office chargé de développer les recherches scientifiques appliquées à l'agriculture, en vue de relever et d'intensifier la production agricole.

« Cet organisme, qui prend le nom « d'Institut des Recherches agronomiques », est doté de la personnalité civile et de l'autonomie financière.

« Un décret rendu sur les propositions du Ministre de l'agriculture et du Ministre des finances réglera l'organisation et les conditions du fonctionnement de cet institut et déterminera la nature des recettes destinées à assurer son fonctionnement. »

Décrète :

FONCTIONNEMENT

DE L'INSTITUT DES RECHERCHES AGRONOMIQUES.

CHAPITRE PREMIER

DU CONSEIL D'ADMINISTRATION.

ARTICLE PREMIER.

L'Institut des Recherches agronomiques est chargé de développer les recherches scientifiques appliquées à l'agriculture, en vue de relever et d'intensifier la production agricole.

A cet effet, les laboratoires et stations dépendant de la direction des services sanitaires et scientifiques et de la répression des fraudes du ministère de l'agriculture sont placés sous sa direction.

Dans la limite des crédits dont il dispose, il organise de nouvelles stations et laboratoires, subventionne les établissements publics ou privés dans lesquels se poursuivent des recherches scientifiques intéressant l'agriculture et prend toutes mesures propres à encourager les savants à se consacrer auxdites recherches.

L'institut publie, dans un recueil périodique spécial le compte rendu des travaux scientifiques intéressant l'agriculture effectués tant en France qu'à l'étranger et constitue, à cet effet, des fiches bibliographiques qui sont tenues à la disposition des stations et laboratoires.

ART. 2.

Le fonctionnement de l'Institut des Recherches agronomiques est assuré, sous l'autorité du Ministre de l'agriculture, par un conseil d'administration et un directeur, dans les conditions déterminées par le présent décret.

ART. 3.

Le Conseil d'administration se compose du Directeur et de 28 membres, nommés pour quatre ans :

6 membres sont désignés par l'Académie des sciences ;

6 membres sont désignés par l'Académie d'agriculture ;

16 membres sont désignés par le Ministre de l'agriculture, dont trois parmi les membres du Parlement, trois parmi les notabilités agricoles ou scientifiques, trois parmi les membres des associations agricoles et un sur la proposition du Ministre des finances.

Le mandat des membres sortants peut être renouvelé. Les membres n'occupant plus la situation en raison de laquelle ils ont été nommés cessent de faire partie du Conseil d'administration.

ART. 4.

Le bureau du Conseil d'administration est nommé chaque année par le Ministre de l'agriculture. Il comprend un président et deux vice-présidents, choisis parmi les membres du conseil.

ART. 5.

Le Conseil d'administration délibère sur :

1° Les projets de budget et de crédits supplémentaires ;

2° Les comptes du directeur ;

3° L'acceptation des dons et legs qui sont grevés de charges, de conditions d'affectations immobilières ou qui sont l'objet de réclamations des familles.

ART. 6.

Le conseil d'administration donne son avis sur :

1° Les comptes de l'agent comptable ;

2° Sur les aliénations, acquisitions, échanges et emprunts ;

3° Sur le placement mobilier des capitaux disponibles ;

4° Sur l'emploi des revenus et produits des libéralités et subventions ;

5° Sur les créations, transformations ou suppressions de laboratoires ou stations ;

6° Sur les actes relatifs à l'administration des biens ;

7° Sur l'exercice des actions en justice ;

8° Sur les budgets et comptes des laboratoires et stations ;

9° Sur toutes les questions intéressant le personnel et les travaux de laboratoires et stations et sur toutes celles qui lui sont soumises par le Ministre ou par le Directeur de l'institut.

ART. 7.

Les délibérations du Conseil d'administration sont constatées par des procès-verbaux qui indiquent le nom des membres présents. Ces procès-verbaux sont transcrits sur un registre et signés du président ; une copie conforme doit en être adressée au plus tard cinq jours après la séance, au Ministre de l'agriculture.

ART. 8.

Les délibérations du Conseil d'administration ne sont valables que si, le tiers au minimum des membres qui le composent étant présents, elles réunissent la moitié plus un des suffrages exprimés, la voix du président étant prépondérante,

ART. 9.

Les délibérations du Conseil d'administration ne sont exécutoires qu'après approbation par le Ministre de l'agriculture.

ART. 10.

Les marchés concernant l'Institut des Recherches agronomiques sont passés dans les formes et conditions prescrites pour les marchés de l'État.

ART. 11.

Le Conseil d'administration choisit, chaque année, dans son sein, trois de ses membres pour former une commission de surveillance chargée de vérifier, toutes les fois qu'il le juge utile, l'état de la caisse et la bonne tenue des écritures ou de déléguer un de ses membres à cet effet.

Le Ministre de l'agriculture peut faire opérer les mêmes vérifications par un ou plusieurs agents habilités par lui, définitivement ou temporairement dans ce but.

ART. 12.

Le Conseil se réunit sur la convocation du président aussi souvent qu'il est nécessaire, mais au moins une fois par semestre. La convocation devra indiquer les questions sur lesquelles le Conseil d'administration sera appelé à délibérer et il ne pourra être apporté de modifications à cet ordre du jour, que sur la demande écrite de trois membres et après avis conforme des autres membres présents à la réunion du Conseil.

ART. 13.

Chaque année, le Conseil d'administration adresse au Ministre de l'agriculture, dans le courant du mois de juin, un rapport général sur l'état de l'institut, le fonctionnement des services, les résultats obtenus pendant l'exercice précédent et les améliorations qui pourraient être apportées au fonctionnement de l'institut.

ART. 14.

Le Directeur de l'institut est nommé par décret, sur la proposition du Ministre de l'agriculture.

ART. 15.

Le Directeur représente l'institut en justice et dans les actes de la vie civile.

Il peut, sans autorisation du Conseil d'administration, faire tous les actes conservatoires, agir en référé et passer les marchés dont le montant n'est pas supérieur à 10,000 francs.

CHAPITRE II.

DU PERSONNEL.

ART. 16.

Les nominations, avancements et mutations du personnel des stations et laboratoires sont faits dans les formes prévues aux décrets concernant ce personnel.

ART. 17.

Un personnel administratif chargé de seconder le Directeur est mis à sa disposition et placé sous son autorité; il est rétribué sur le budget de l'Institut des Recherches agronomiques.

Les cadres, les traitements et les indemnités du personnel administratif sont fixés par décrets contresignés par les Ministres de l'agriculture et des finances.

ART. 18.

Dans la limite des crédits dont il dispose, l'Institut des Recherches agronomiques peut, sur décision du Conseil d'administration, employer et mettre à la disposition des stations et laboratoires un personnel d'agents temporaires dont les émoluments et indemnités sont fixés par décrets contresignés par les Ministres de l'agriculture et des finances,

CHAPITRE III.

DE L'ACCEPTATION DES LIBÉRALITÉS.

ART. 19.

L'acceptation des libéralités faites par actes entre vifs ou testamentaires au profit de l'Institut des Recherches agronomiques, est autorisée par décret du Président de la République, rendu en Conseil d'État, sur la proposition du Ministre de l'agriculture, après avis du Conseil d'administration de l'institut. Il sera procédé pour l'instruction desdites libéralités conformément aux dispositions de l'article 3 de l'ordonnance du 14 janvier 1831.

ART. 20.

Lorsque les dons et legs ont été faits sans affectation déterminée, l'emploi en est réglé par le décret d'autorisation.

ORGANISATION FINANCIÈRE DE L'INSTITUT DES RECHERCHES AGRONOMIQUES.

CHAPITRE IV.

DES RECETTES ET DES DÉPENSES.

ART. 21.

Le budget de l'Institut des recherches agronomiques est divisé en budget ordinaire et budget extraordinaire.

Les recettes du budget ordinaire se composent :

1° Des subventions annuelles de l'État inscrites au budget général du Ministère de l'agriculture ;

2° Des subventions et fonds de concours de toute nature, ayant un caractère annuel et permanent, provenant de départements, de communes, d'associations syndicales ou autres, ou de particuliers ;

3° Des revenus des biens ;

4° Du produit de la vente des publications de l'institut ou des stations et laboratoires ;

5° Du produit des analyses ou des travaux scientifiques effectués à titre onéreux pour les particuliers, par les laboratoires et stations suivant tarifs fixés par le Conseil d'administration ;

6° De toutes autres ressources d'un caractère annuel et permanent.

ART. 22.

Les dépenses du budget ordinaire comprennent :

1° Les impositions établies par les lois ;

2° La rémunération du personnel de l'institut prévu aux articles 17 et 18 du présent décret :

3° Les frais d'administration y compris les jetons de présence et frais de déplacement des membres du Conseil d'administration ;

4° Les frais de location, d'entretien de bâtiments, mobilier, de matériel et produits de laboratoires, de chauffage, d'éclairage, les frais d'impression, de bureau, les dépenses de bibliothèque de l'institut et de ses stations et laboratoires ;

5° Les frais de missions ;

6° Les subventions à des établissements dans lesquels se poursuivent des recherches scientifiques intéressant l'agriculture.

7° Toutes autres dépenses d'un caractère annuel et permanent ;

ART. 23.

Le budget extraordinaire comprend :

En recettes :

1° Le produit des emprunts :

2° Le prix des biens aliénés ;

3° Les subventions, dons, legs, libéralités et fonds de concours de toute nature provenant de départements, de communes, d'associations syndicales ou autres ou de particuliers, ayant un caractère accidentel.

En dépenses : les dépenses temporaires ou accidentelles imputées sur une des recettes énumérées ci-dessus ou sur l'excédent de recettes ordinaires, y compris le service des emprunts.

ART. 24.

Toutes les dispositions relatives au contrôle des engagements de dépenses s'appliquent à l'Institut des recherches agronomiques.

CHAPITRE V.

DU VOTE ET DE L'APPROBATION DU BUDGET.

ART. 25.

Le budget, préparé par le Directeur, est présenté au Conseil dans la première quinzaine de novembre pour l'année à venir. Dans la quinzaine suivante, il est transmis pour approbation au Ministre de l'agriculture et au Ministre des finances. Les modifications au budget de l'exercice en cours sont votées au mois de mai; elles sont délibérées et approuvées dans les mêmes formes.

CHAPITRE VI.

DE L'ORDONNANCEMENT, DU RECOUVREMENT ET DU PAYEMENT.

ART. 26.

La durée des périodes complémentaires de l'exercice s'étend jusqu'au 31 mars pour l'ordonnancement et jusqu'au 30 avril pour le recouvrement et le payement.

ART. 27.

Le Directeur est ordonnateur des dépenses. Il est suppléé, en cas d'absence ou d'empêchement, par un assesseur nommé par le Ministre de l'agriculture.

ART. 28.

Les recettes et les dépenses sont effectuées par l'agent comptable chargé seul, et sous sa responsabilité, de faire toute diligence pour assurer la rentrée des revenus et des créances, legs, donations et autres ressources du budget de l'institut, de faire procéder contre les débiteurs en retard aux exploits, significations, poursuites et commandements à la requête du Directeur et d'acquitter les dépenses mandatées par celui-ci.

Independamment de la surveillance qu'exercent, sur ces opérations, le Directeur et le Conseil d'administration, ainsi que l'inspection des associations agricoles et des institutions de crédit, l'agent comptable est justiciable de la Cour des Comptes et soumis aux vérifications de l'Inspection générale des finances. Il fournit, en garantie de sa gestion, un cautionnement dont le montant est fixé par une décision concertée entre le Ministre des finances et le Ministre de l'agriculture.

Il est nommé par décret sur la proposition du Ministre de l'agriculture et du Ministre des finances. Il est révocable dans la même forme.

En cas de maladie ou d'absence autorisée, il peut se faire remplacer par un fondé de pouvoir muni d'une procuration régulière et agréé par le Directeur de l'institut.

ART. 29.

Dans chaque laboratoire ou station, un agent spécial, désigné par le Directeur de l'institut, peut être chargé, à titre de régisseur et à charge de rapporter dans le mois à l'agent comptable les acquits des créanciers réels et les pièces justificatives, de payer au moyen d'avances mises à sa disposition les menues dépenses de l'établissement. Ces avances ne doivent pas excéder 3,000 francs. Aucune nouvelle avance ne peut, dans les limites prévues par le paragraphe ci-dessus, être faite par l'agent comptable qu'autant que les acquits des créanciers réels et les pièces justificatives de l'avance précédente lui ont été fournis ou que la portion de cette avance dont il reste à justifier a moins d'un mois de date.

ART. 30.

Les sommes qui seraient perçues à l'occasion des opérations effectuées pour le compte des particuliers dans les conditions prévues à l'article 21 peuvent être perçues, dans chaque laboratoire, par le régisseur prévu à l'article précédent, moyennant la délivrance aux parties d'une quittance détachée d'un registre à souche et à la charge de versements à l'agent comptable tous les mois, et plus fréquemment s'il en est ainsi décidé par le Directeur de l'institut.

ART. 31.

L'agent comptable est soumis, pour tout ce qui n'est pas prévu au présent décret, aux mêmes règlements que les comptables du Trésor.

ART. 32.

Les fonds libres de l'institut sont versés en compte courant au Trésor, sans intérêt.

ART. 33.

La partie de l'excédent des recettes sur les dépenses à la clôture de l'exercice qu'il n'est pas nécessaire de maintenir aux fonds libres pour les besoins du service courant est portée à un fonds de réserve et employée en rentes sur l'État, en obligations nominatives des chemins de fer de l'État et des grandes compagnies de chemin de fer ou en valeurs garanties par l'État autres que les bons de la défense nationale. Les prélèvements à effectuer sur ce fonds de réserve sont décidés par le Ministre de l'agriculture, après avis du Conseil d'administration. Les titres sont conservés par l'agent comptable.

ART. 34.

Les oppositions sur les sommes dues par l'institut sont pratiquées entre les mains de l'agent comptable.

CHAPITRE VII.

DES COMPTES.

ART. 35.

Le compte du Directeur et les comptes deniers et matières de l'agent comptable sont soumis, chaque année, avant le 1er juillet, au Conseil d'administration.

Les comptes de gestion de l'agent comptable indiquent la distribution par exercice des faits de recettes et de dépenses.

Le compte du Directeur est soumis à l'approbation du Ministre avant le 1er août qui suit la clôture de l'exercice.

Les comptes de l'agent comptable sont établis en double expédition ; l'une de ces expéditions, visée par le Ministre de l'agriculture, est déposée au greffe de la Cour des Comptes avec pièces justificatives à l'appui, dans le courant du mois de septembre qui suit la clôture de l'exercice.

CHAPITRE VIII.

DISPOSITIONS DIVERSES ET TRANSITOIRES.

ART. 36.

La forme des budgets et des comptes de l'institut, la tenue des livres et des écritures, la nomenclature des pièces justificatives de recettes et de dépenses, ainsi que les états de comptabilité à adresser périodiquement au Ministre de l'agriculture et au Ministre des finances et, en général, les mesures d'exécution du présent décret, seront déterminés par des règlements arrêtés de concert par les Ministres de l'agriculture et des finances.

ART. 37.

Le Ministre de l'agriculture et le Ministre des finances sont chargés, chacun en ce qui le concerne, de l'exécution du présent décret, qui sera publié au *Journal officiel.*

Fait à Paris, le 26 décembre 1921.

A. MILLERAND.

Par le Président de la République :

Le Ministre de l'agriculture,

E. LEFEBVRE DU PREY.

Le Ministre des finances,

Paul DOUMER.

EXTRAIT DU DÉCRET DU 11 JANVIER 1922.

(Journal officiel du 15 janvier 1922.)

. . . .

ARTICLE PREMIER.

L'Institut des Recherches agronomiques est rattaché à la Direction des Services sanitaires et scientifiques et de la répression des fraudes.

. . . .

DÉCRET DU 26 DÉCEMBRE 1921

FIXANT LES CADRES ET TRAITEMENTS

DU PERSONNEL DE L'INSTITUT DES RECHERCHES AGRONOMIQUES.

(Journal officiel du 28 décembre 1921.)

Le Président de la République française,

Sur le rapport du Ministre de l'Agriculture,

Vu l'article 79 de la loi de finances du 30 avril 1921, portant création de l'Institut des recherches agronomiques;

Vu le décret du 26 décembre 1921, relatif à l'organisation de l'Institut des recherches agronomiques et, notamment, ses articles 14, 16, 17, 18 et 28,

Décrète :

ARTICLE PREMIER.

Le personnel du service administratif de l'Institut des recherches agronomiques comprend :

1 directeur;

1 chef de bureau;

1 agent comptable;

1 sous-chef de bureau;

3 rédacteurs;

2 sténodactylographes ou dames employées;

2 gardiens de bureau.

ART. 2.

Les traitements de ce personnel sont fixés comme suit :

Directeur................................	25,000ᶠ

Chef de bureau :

1ʳᵉ classe.	18,000
2ᵉ classe...............................	17,000
3ᵉ classe...............................	16,000
4ᵉ classe...............................	15,000
5ᵉ classe...............................	14,000

Sous-chef de bureau ou agent comptable :

1re classe...................................... 14,000^f
2e classe...................................... 13,000
3e classe...................................... 12,000
4e classe...................................... 11,000

Rédacteurs :

1re classe...................................... 11,000^f
2e classe...................................... 10,000
3e classe...................................... 9,000
4e classe...................................... 8,000
5e classe...................................... 7,000
6e classe...................................... 6,000

Sténodactylographes ou dames employées :

1re classe...................................... 7,000^f
2e classe...................................... 6,500
3e classe...................................... 6,000
4e classe...................................... 5,500
5e classe...................................... 5,000
6e classe...................................... 4,500
7^e classe...................................... 4,000

Gardiens de bureau :

1re classe...................................... 5,200^f
2^e classe...................................... 5,000
3^e classe...................................... 4,800
4^e classe...................................... 4,600
5^e classe...................................... 4,400
6e classe...................................... 4,200
7e classe...................................... 4,000
8e classe...................................... 3,800

ART. 3.

A l'exception du Directeur et de l'agent comptable, dont le mode de nomination fait l'objet de dispositions spéciales, le personnel administratif de l'Institut des recherches agronomiques est nommé par arrêté du Ministre de l'agriculture.

L'emploi de chef de bureau, de même que celui de sous-chef de bureau est attribué soit à un agent du service administratif de l'institut inscrit au tableau d'avancement pour ce grade, soit à un fonctionnaire de l'administration centrale du Ministère de l'agriculture du même grade ou inscrit au tableau d'avancement pour ce grade. Ce fonctionnaire continue à appartenir à son corps d'origine et y conserve ses droits à l'avancement.

Les rédacteurs sont recrutés parmi les rédacteurs ou assimilés du Ministère de l'agriculture. Ils continuent à appartenir à leur corps d'origine et y conservent leurs droits à l'avancement.

Les sténodactylographes sont recrutées parmi les sténodactylographes des divers services du Ministère de l'agriculture.

A défaut de candidats, il est pourvu aux emplois de rédacteur ou de sténodactylographe par voie de concours dont les conditions sont fixées par le Ministre de l'agriculture

Les fonctionnaires et agents du Ministère de l'agriculture nommés à un emploi de l'institut entrent dans la classe correspondante au traitement égal ou immédiatement supérieur à celui qui leur était attribué dans leur précédent emploi. L'ancienneté acquise par eux dans la classe à laquelle ils appartenaient dans cet emploi, entre en compte dans le délai nécessaire à leur première promotion.

ART. 4.

Le personnel nommé après concours est assujetti à un stage d'une année pendant laquelle il reçoit une allocation égale au traitement de la dernière classe de l'emploi occupé.

Les mêmes dispositions sont applicables aux gardiens de bureau

A l'expiration du stage, le chef de service présente un rapport sur la conduite et la manière de servir du stagiaire qui est titularisé, s'il y a lieu, à la dernière classe de son emploi. Lorsque le rapport n'est pas favorable, le stagiaire peut être immédiatement licencié. Il peut également être licencié au cours du stage..

ART. 5.

Pour le personnel du service administratif, les avancements de grade et de classe ne peuvent être accordés que dans la limite des effectifs et des disponibilités budgétaires.

Un tableau d'avancement, valable pour l'année suivante, est arrêté à la fin de chaque année par le Conseil d'administration de l'institut et soumis à l'approbation du Ministre de l'agriculture. Ce tableau comprend un nombre de candidats en rapport avec les disponibilités budgétaires. Aucun employé ne peut recevoir d'avancement de grade ou de classe s'il n'est porté sur ce tableau.

Toute nomination à un grade supérieur se fait à la dernière classe de ce grade. Le sous-chef de bureau ne peut être promu chef de bureau que s'il compte au moins deux ans d'ancienneté dans la 3e classe et douze ans de services administratifs valables pour la retraite. Les rédacteurs ne peuvent être promus sous-chef de bureau que s'ils comptent au moins six ans de services en qualité de rédacteur soit à l'institut, soit au Ministère de l'agriculture.

Dans chaque emploi, l'avancement a lieu d'une classe à la classe immédiatement supérieure. Nul ne peut être promu à la classe supérieure s'il n'a au moins deux années de service dans la classe qu'il occupe.

Pour les emplois inférieurs à celui de rédacteur, les avancements de classe sont conférés à raison d'un tour au choix et d'un tour à l'ancienneté. Pour les autres emplois, les avancements de classe ont lieu exclusivement au choix.

ART. 6.

Les agents du service administratif de l'institut peuvent obtenir un congé annuel de quinze jours sans retenue de traitement.

En cas d'absence pour cause de maladie dûment constatée, ils peuvent être autorisés à conserver l'intégralité de leur traitement pendant un temps qui ne peut excéder trois mois. Pendant les trois mois suivants, ils peuvent obtenir un congé avec la retenue de la moitié au moins et des deux tiers au plus de leur traitement.

Dans le cas particulier de maternité et à titre exceptionnel, la durée du premier congé est de droit fixé à six semaines. Le point de départ de ce congé est déterminé par un médecin désigné par le Directeur de l'institut sur la demande de l'employée intéressée.

ART. 7.

Indépendamment du personnel du service administratif de l'institut et du personnel titulaire des stations et laboratoires dépendant de l'institut, il peut être employé dans le service administratif ou dans les stations et laboratoires, suivant les besoins et dans la limite des crédits affectés à cet objet, un personnel recruté, à titre temporaire, de directeurs, chefs de travaux, préparateurs, commis, dames employées, hommes ou femmes de service, grooms, messagers et ouvriers spécialisés.

3.

ART. 8.

Les agents auxiliaires recrutés à titre temporaire sont nommés et rémunérés dans les conditions suivantes :

1° *Directeurs, chefs de travaux et préparateurs.*

Les directeurs, chefs de travaux et préparateurs sont nommés par le Ministre de l'agriculture, qui fixe, pour chaque cas, l'allocation à attribuer dans les limites ci-après :

Directeurs, de 300 à 1,250 francs par mois;

Chefs de travaux, de 300 à 1,000 francs par mois;

Préparateurs, de 300 à 900 francs par mois.

2° *Employés et agents de service.*

Les employés et agents de service sont nommés par le Directeur. Ils reçoivent, par journée de travail, les salaires ci-après :

Commis et dames employées, de 12 à 18 francs (par augmentations successives de 1 fr. 50);

Hommes ou femmes de services, de 12 à 15 francs (par augmentations successives de 50 centimes);

Grooms (au-dessous de 16 ans), de 4 à 5 francs (par augmentations successives de 50 centimes);

Messagers (au-dessus de 16 ans), de 6 à 10 francs (par augmentations successives de 50 centimes).

Toute nomination se fait au salaire de début. Les avancements ont lieu d'un échelon de salaire à l'échelon immédiatement supérieur. Nul ne peut être promu à l'échelon supérieur s'il n'a pas au moins deux ans de services dans l'échelon qu'il occupe.

3° *Ouvriers spécialisés.*

Les ouvriers spécialisés sont nommés par le Directeur, qui fixe le taux de leur salaire, exclusif de toute indemnité, d'après les conditions locales, et par comparaison avec celui pratiqué dans les industries similaires. Ce taux, fixé à la journée ou à l'heure, est débattu chaque fois qu'un ouvrier spécialisé est embauché.

ART. 9.

Le cas échéant, les règles restrictives du cumul des traitements de plusieurs places, emplois ou commissions, ainsi que les règles restrictives du cumul d'un traitement et d'une pension sont applicables aux émoluments prévus par le présent décret.

ART. 10.

Les traitements et salaires fixés par le présent décret sont exclusifs de toute gratification. Aucune indemnité, aucun avantage accessoire, de quelque nature que ce soit ne pourra être attribué aux agents de l'institut qu'en conformité d'un décret contresigné par le Ministre des finances et publié au *Journal officiel*.

ART. 11.

L'agent comptable peut recevoir, en sus de son traitement, une indemnité de 2,000 francs par an pour la vérification financière des comptes des stations et laboratoires administrés par l'institut et pour indemnité de caisse.

Les frais de déplacement du personnel de l'institut sont réglés d'après les tarifs et conditions fixés, pour chaque grade correspondant, par le décret relatif aux frais d'inspection, de tournées et de missions des fonctionnaires et agents du Ministère de l'agriculture.

ART. 12.

Les agents du service administratif ne sont pas soumis pour la retraite au régime de la loi du 9 juin 1853 sur les pensions civiles. Les conditions suivant lesquelles une pension de retraite est constituée à leur profit sont déterminées conformément aux dispositions de l'article 10, paragraphes 3 et 4 de la loi du 5 avril 1910 sur les retraites ouvrières, par un décret contresigné par le Ministre de l'agriculture, le Ministre du travail et le Ministre des finances.

Les agents auxiliaires temporaires dont les emplois sont prévus à l'article 7 sont soumis au régime des retraites ouvrières et paysannes.

Toutefois, les fonctionnaires et agents qui, avant d'entrer à l'institut, étaient placés sous un régime de retraite spécial continueront à bénéficier de ce régime.

ART. 13

Les mesures et les peines disciplinaires applicables au personnel de l'Institut des recherches agronomiques sont les suivantes :

1° La réprimande ;

2° L'avertissement avec inscription au dossier pouvant entraîner l'inaptitude à l'avancement pendant la durée d'une année ;

3° La rétrogradation d'une ou plusieurs classes ou la rétrogradation à la première classe de l'emploi immédiatement inférieur ;

4° La révocation.

La réprimande est prononcée par le Directeur de l'institut, après avis du chef de service sous les ordres duquel l'agent se trouve placé.

Les autres peines sont prononcées par le Ministre de l'agriculture, après avis du Conseil d'administration, l'intéressé ayant été entendu dans ses moyens de défense ou dûment appelé. Toutes les pièces communiquées au Conseil sont tenues à la disposition de l'intéressé. Le procès-verbal de la séance dans laquelle l'intéressé a comparu ou, s'il y a lieu, sa défense écrite, accompagnent nécessairement le rapport soumis au Conseil par le Ministre.

Dispositions transitoires.

ART. 14.

Il pourra être dérogé aux dispositions des articles 3, 5 et 8 pour l'organisation du service dans les six mois qui suivront la publication du présent décret.

ART. 15.

Le Ministre de l'agriculture et le Ministre des finances sont chargés, chacun en ce qui le concerne, de l'exécution du présent décret qui sera publié au *Journal officiel*.

Fait à Paris, le 26 décembre 1921.

A. MILLERAND.

Par le Président de la République :

Le Ministre de l'agriculture,	*Le Ministre des finances,*
E. Lefebvre du Prey.	Paul Doumer.

DÉCRET DU 25 AOÛT 1921

FIXANT LES CADRES ET TRAITEMENTS

DU PERSONNEL DES STATIONS ET LABORATOIRES

DU MINISTÈRE DE L'AGRICULTURE.

(*Journal Officiel* du 11 décembre 1921.)

Le Président de la République française,

Vu l'article 55 de la loi de finances du 25 février 1901 ;

Vu l'article 9 de la loi du 18 octobre 1919 ;

Vu les décrets du 18 mars 1915, des 14 janvier et 8 décembre 1919, portant organisation des cadres et fixation des traitements et conditions de recrutement du personnel des laboratoires et stations agronomiques du Ministère de l'agriculture ;

Vu les décrets des 11 mai 1915 et 9 décembre 1919, portant organisation des cadres et fixation des traitements et conditions de recrutement du personnel des stations de recherches sur les maladies des plantes (Epiphyties) ;

Vu le décret du 5 janvier 1920, concernant le personnel du laboratoi e des recherches sur les maladies des animaux ;

Sur le rapport du Ministre de l'agriculture,

Décrète :

ARTICLE PREMIER.

Les cadres du personnel des laboratoires et stations du Ministère de l'agriculture, dépendant de la Direction des services sanitaires et scientifiques et de la répression des fraudes, au 1er janvier 1921, sont fixés ainsi qu'il suit :

2 inspecteurs généraux ;

3 directeurs de laboratoires centraux ;

28 directeurs ;

2 chimistes principaux ;

1 1 chefs de travaux (anciennement sous-directeurs et chefs de travaux);

36 préparateurs (anciennement chimistes et préparateurs);

1 secrétaire principal;

3 secrétaires;

2 commis;

3 sténo-dactylographes;

24 garçons de laboratoire.

ART. 2.

Les traitements et les classes du personnel prévu à l'article premier du présent décret sont fixés comme suit :

Inspecteurs généraux :

1re classe.	18,000f
2e classe.	17,000
3e classe.	16,000
4e classe.	15,000
5e classe.	14,000

Directeurs de laboratoires centraux :

1re classe.	18,000f
2e classe.	17,000
3e classe.	16,000
4e classe.	15,000
5e classe.	14,000
6e classe.	13,000

Directeurs de laboratoires :

1re classe.	12,000f
2e classe.	11,000
3e classe.	10,000
4e classe.	9,000
5e classe.	8,000

Chimistes principaux :

1re classe.	14,000f
2e classe.	13,000
3e classe.	12,000
4e classe.	11,000

Chefs de travaux :

1re classe	11,000^f

Chefs de travaux :

1re classe... 11,000^f
2e classe... 10,000
3e classe... 9,000
4e classe... 8,000^f
5e classe... 7,000
6e classe... 6,000

Préparateurs :

1re classe... 11,000^f
2e classe... 10,000
3e classe... 9,000
4e classe... 8,000
5e classe... 7,000
6e classe... 6,000

Secrétaire principal :

1re classe... 11,000^f
2e classe... 10,000
3e classe... 9,000
4e classe... 8,000
5e classe... 7,000
6e classe... 6,000

Secrétaires :

1re classe... 10,000^f
2e classe... 9,000
3e classe... 8,100
4e classe... 7,200
5e classe... 6,300
6e classe... 5,400
7e classe... 4,500

Commis :

1re classe... 7,000^f
2e classe... 6,500
3e classe... 6,000
4e classe... 5,500
5e classe... 5,000
6e classe... 4,500
7e classe... 4,000

Dames sténo-dactylographes :

1re classe	7,000^f

1re classe. . . . .   7,000^f
2e classe.   6,500
3e classe.   6,000
4e classe.   5,500
5e classe.   5,000
6e classe.   4,500
7e classe.   4,000

Garçons de laboratoire :

1re classe. . . . .   5,200^f
2e classe.   5,000
3e classe.   4,800
4e classe.   4,600
5e classe.   4,400
6e classe.   4,200
7e classe.   4,000
8e classe.   3,800

Les traitements fixés par le présent décret sont exclusifs de toute gratification. Aucune indemnité, aucun avantage accessoire, de quelque nature que ce soit, ne peut être attribué aux fonctionnaires et agents des laboratoires et stations du Ministère de l'agriculture qu'en conformité d'un décret contresigné par le Ministre des finances et publié au *Journal officiel*.

ART. 3.

Les inspecteurs généraux se recrutent parmi les directeurs des stations et laboratoires.

Les directeurs, les chimistes principaux, les chefs de travaux et les préparateurs sont nommés au concours.

Les conditions et les programmes des concours sont fixés par arrêté ministériel et publiés au *Journal officiel* au moins un mois avant l'ouverture des épreuves. Les candidats au laboratoire central des produits médicamenteux et hygiéniques devront justifier du diplôme de pharmacien de 1re classe ou de pharmacien (nouveau régime).

Sous réserve des droits conférés par la loi aux anciens militaires, les secrétaires, commis et sténo-dactylographes sont nommés au concours dans les conditions fixées par arrêté ministériel. Le secrétaire principal est choisi parmi les secrétaires.

Sous réserve des droits conférés par la par la loi aux anciens militaires, les garçons de laboratoire se recrutent au choix.

Toute nomination à un emploi se fait à la dernière classe de cet emploi.

Toutefois, les agents appartenant déjà aux cadres du service des laboratoires, nommés à un autre emploi, entrent dans la classe correspondant au traitement qui leur était attribué dans leur précédent emploi; l'ancienneté de service acquise par eux dans la classe à laquelle ils appartiennent dans cet emploi entre en compte dans la durée nécessaire à leur première promotion.

Tout le personnel des stations et laboratoires est assujetti, à son entrée, à un stage d'une année. Les stagiaires reçoivent une allocation égale au traitement minimum de l'emploi occupé.

L'année expirée, le chef de service présente sur l'aptitude et la manière de servir des stagiaires un rapport au Ministre qui les titularise, s'il y a lieu, à la dernière classe de leur emploi. Les stagiaires qui ne sont pas titularisés sont immédiatement licenciés.

Les anciens militaires pourvus d'emploi en vertu de la loi ainsi que les commis titulaires et auxiliaires appartenant déjà à l'Administration de l'agriculture et reçus au concours pour l'emploi de secrétaire des laboratoires sont dispensés du stage et nommés directement à la dernière classe de leur emploi.

ART. 4.

Les avancements ne peuvent être accordés que dans la limite des effectifs et des disponibilités budgétaires.

Sont seuls susceptibles d'obtenir un avancement, les candidats inscrits à un tableau valable pour l'année et arrêté par le Ministre d'après une liste dressée annuellement par le conseil d'administration de l'Institut des recherches agronomiques dans une séance à laquelle assistent, avec voix consultative, un délégué du personnel des directeurs et sous-directeurs, un délégué du personnel des préparateurs et un délégué du personnel des secrétaires.

Les avancements d'emploi sont conférés au choix et à l'ancienneté.

Toute nomination à un emploi supérieur, se fait à la dernière classe de cet emploi. Toutefois, si le traitement de la dernière classe de l'emploi supérieur se trouve être moindre que celui qui était précédemment alloué, le nouveau promu conserve au moins le traitement dont il jouissait antérieurement.

Nul ne peut être promu au choix à une classe supérieure s'il n'a au moins deux années de service dans la classe à laquelle il appartient.

Nul ne peut être promu à l'ancienneté à une classe supérieure s'il n'a au moins trois années de service dans la classe à laquelle il appartient.

ART. 5.

Les frais de déplacements et de séjour des fonctionnaires des laboratoires appelés à se déplacer pour les besoins du service leur sont remboursés sur états justificatifs, suivant les bases indiquées par décret contresigné par le Ministre des finances et dans la limite d'une somme fixée, pour chacun d'eux, par arrêté ministériel.

ART. 6.

Les dames sténodactylographes et les dames employées sont soumises, pour la retraite, au régime institué par le décret applicable à leurs collègues de l'Administration centrale du Ministère de l'agriculture.

ART. 7.

Le personnel des stations et laboratoires est soumis aux mêmes règles de discipline que le personnel de l'Administration centrale du Ministère de l'agriculture. Toutefois, le conseil de discipline est constitué par le Conseil d'administration de l'Institut des recherches agronomiques auquel sont adjoints un ou deux délégués du personnel du grade du fonctionnaire traduit devant le conseil.

ART. 8.

L'inspecteur général, les directeurs, chimistes principaux, les chefs de travaux, les préparateurs, les secrétaires et dames employées ou sténodactylographes peuvent être mis en disponibilité sur leur demande. Ils ne reçoivent, dans cette position, aucun traitement et n'acquièrent aucun droit à la retraite ni à l'avancement pendant le temps de leur disponibilité. Ils peuvent être réintégrés dans l'emploi qu'ils occupaient lors de leur mise en disponibilité ou dans un emploi équivalent, mais seulement lorsque des vacances se produisent.

ART. 9.

Les directeurs, chimistes principaux, chefs de travaux, préparateurs et secrétaires peuvent être détachés dans les laboratoires dépendant des communes, des départements ou administrations de l'État pour y occuper des emplois équivalents à ceux qu'ils pourraient occuper dans les laboratoires du Ministère de l'agriculture.

Ils conservent leur droit à l'avancement, ainsi qu'à la retraite et à la hiérarchie du corps des laboratoires.

Ils ne peuvent être réintégrés qu'en cas de vacance.

ART. 10.

Par décision ministérielle, peuvent être autorisés à faire un stage dans les laboratoires du service, les personnes qui, justifiant de connaissances chimiques suffisantes, désirent se perfectionner dans l'étude des questions de chimie agricole ou d'analyse de denrées alimentaires. Ces personnes ont à acquitter, pour frais de laboratoire et de bibliothèque, une rétribution dont le montant est fixé par le Ministre de l'agriculture, sur avis du Conseil d'administration de l'Institut des recherches agronomiques.

Trois stagiaires peuvent être désignés, chaque année, par le Ministre de l'agriculture, pour faire au laboratoire central de recherches et d'analyses du Ministère de l'agriculture, un stage d'études pratiques, d'une durée maximum d'un an. Chacun d'eux reçoit une indemnité mensuelle de 400 francs. Ces stagiaires sont choisis parmi les élèves sortant de l'Institut national agronomique, où, à leur défaut, parmi des jeunes gens aptes à remplir les fonctions de préparateur.

DISPOSITIONS TRANSITOIRES.

ART. 11.

Dans chaque catégorie d'emplois, la répartition des agents en fonctions à la date du présent décret entre les différentes classes prévues à l'article 2 sera faite par un arrêté du Ministre de l'agriculture, chaque agent étant versé, en principe, dans la classe correspondant à son traitement actuel.

ART. 12.

Le Ministre de l'agriculture et le Ministre des finances sont chargés, chacun en ce qui le concerne, de l'exécution du présent décret, qui sera publié au *Journal officiel*.

Fait à Rambouillet, le 25 août 1921.

A. MILLERAND.

Par le Président de la République :

Le Ministre de l'agriculture,   *Le Ministre des finances,*
E. LEFEBVRE DU PREY.   Paul DOUMER.

DÉCRET DU 27 NOVEMBRE 1921

(EXTRAIT)

ACCORDANT DES MAJORATIONS DE TRAITEMENT

NON SOUMISES À RETENUES

POUR PENSIONS CIVILES AU PERSONNEL DES STATIONS ET LABORATOIRES

DU MINISTÈRE DE L'AGRICULTURE.

(*Journal officiel du* 11 décembre 1921.)

Le Président de la République française,

Sur le rapport du Ministre de l'agriculture et du Ministre des finances,

Vu l'article 55 de la loi de finances du 25 février 1901;

Vu les lois des 6 et 18 octobre 1919;

Vu la loi de finances du 30 avril 1921, portant fixation du budget général de l'exercice 1921, et, notamment, le chapitre 56 *bis* des dépenses ordinaires de l'agriculture;

Vu les décrets des 6 juillet et 29 septembre 1920, fixant les traitements et salaires du personnel des services extérieurs de la Direction de l'agriculture;

Vu les décrets des 10 décembre 1909, 13 mars et 9 août 1920, fixant les traitements et salaires du personnel des eaux et forêts;

Vu les décrets des 5 août 1919, 6 juillet et 18 juillet 1920, fixant les traitements et salaires du personnel du génie rural;

Vu le décret du 28 août 1920, fixant les traitements du personnel du service des avertissements agricoles et de météorologie appliquée à l'agriculture;

Vu le décret du 16 décembre 1919, fixant les cadres et les traitements du personnel des services extérieurs des haras;

Vu le décret du 17 janvier 1920, fixant les traitements du personnel des écoles nationales vétérinaires;

Vu le décret du 15 mars 1920, fixant les traitements du personnel de l'Inspection des Services sanitaires vétérinaires;

Vu le décret du 25 août 1921, portant unification des traitements du personnel des laboratoires et stations de recherches agronomiques du Ministère de l'agriculture dépendant de la Direction des Services sanitaires et scientifiques et de la répression des fraudes,

DÉCRÈTE :

. . . .

TITRE V.

Direction des Services sanitaires et scientifiques et de la répression des fraudes.

. . . .

ART. 8.

Les dispositions du décret du 25 août 1921 sont modifiées ainsi qu'il suit, en ce qui concerne les traitements et les indemnités du personnel des laboratoires et stations de recherches agronomiques.

Inspecteurs généraux :

1ʳᵃ classe.	25,000ᶠ
2ᵉ classe.	22,500
3ᵉ classe.	20,000

Directeurs des laboratoires centraux (Paris) :

1ʳᵉ classe.	20,000ᶦ
2ᵉ classe.	19,000
3ᵉ classe.	18,000
4ᵉ classe.	17,000
5ᵉ classe.	16,000
6ᵉ classe.	15,000

Directeurs :

1ʳᵉ classe.	17,000ᶠ
2ᵉ classe.	16,000
3ᵉ classe.	15,000
4ᵉ classe.	14,000
5ᵉ classe.	13,000

Chimistes principaux :

1re classe. . . . . 15,000[f]
2e classe. 14,000
3e classe. 13,000
4e classe. 12,000

Chefs de travaux (anciennement sous-directeurs et chefs de travaux) :

1re classe. . . . . 14,000[f]
2e classe. 13,000
3e classe. 12,000
4e classe. 11,000
5e classe. 10,000
6e classe. 9,000

Préparateurs (anciennement chimistes naturalistes et préparateurs) :

1re classe. . . . . 12,000[f]
2e classe. 11,000
3e classe. 10,000
4e classe. 9,000
5e classe. 8,000
6e classe. 7,000

Secrétaire principal :

1re classe. . . . . 11,000[f]
2e classe. 10,000
3e classe. 9,000
4e classe. 8,000
5e classe. 7,000
6e classe. 6,000

Secrétaires :

1re classe. . . . . 11,000[f]
2e classe. 10,000
3e classe. 9,000
4e classe. 8,000
5e classe. 7,000
6e classe. 6,000
7e classe. 4,500

TITRE VI.

DISPOSITIONS GÉNÉRALES.

ART. 9.

Une majoration de 1,000 francs est accordée à tout fonctionnaire de l'enseignement ou des établissements scientifiques agricoles pourvu du diplôme de docteur ès-sciences.

ART. 10.

Le Ministre de l'agriculture fixe, par arrêté, dans la limite des crédits inscrits au budget :

1° Les rétributions accordées, en dehors des frais de déplacements prévus par les règlements en vigueur, aux fonctionnaires nommés membres du jury des concours ou examens d'admission dans les établissements d'enseignement agricole, forestier ou vétérinaire, et des concours ou examens pour le recrutement ou l'avancement du personnel de ces établissements, ainsi que du personnel des stations et laboratoires, sous réserve que cette rétribution ne dépassera pas 30 francs par séance de concours ou d'examen et que le nombre des séances ne dépassera pas le maximum fixé par l'arrêté ministériel déterminant la composition du jury de chaque concours ou examen;

2° La rétribution allouée au fonctionnaire nommé secrétaire du jury des concours d'admission à l'Institut national agronomique, aux écoles nationales d'agriculture, à l'école nationale des industries agricoles, à l'école nationale d'horticulture et aux écoles nationales vétérinaires, sous réserve qu'elle ne pourra dépasser 1 franc par élève inscrit au concours;

4

3° Sous réserve des règles de cumul, la rétribution des fonctionnaires visés au présent décret, allouée pour suppléance à la charge de l'État en cas de vacance d'emploi ou de congé sans traitement ou avec réduction de traitement accordé aux titulaires, à la condition que cette rétribution ne dépassera pas les trois quarts du traitement annuel prévu pour le titulaire, ou, si ce dernier est payé par vacation, le montant total de ces vacations.

ART. 11.

Un décret spécial fixera les conditions d'attribution d'une indemnité représentative de logement aux fonctionnaires ayant droit au logement qui ne pourront être logés en nature.

ART. 12.

. . . .

ART. 13.

Les suppléments de traitements ou d'indemnités de toute nature accordés en vertu des articles ci-dessus, en attendant qu'il ait été procédé à la révision générale prévue par l'article 39 de la loi de finances du 30 avril 1921, ou à la réforme du régime des retraites, ne sont pas soumis à retenue et n'entrent pas en compte pour le calcul de la retraite.

Ils sont déterminés, pour chaque bénéficiaire, par la différence entre son traitement ancien et l'émolument attaché à la classe à laquelle il appartient dans les nouvelles échelles fixées par le présent décret.

ART. 14.

Les dispositions du présent décret seront appliquées graduellement à partir du 1er juillet 1921, conformément au tableau annexé au présent décret.

ART. 15.

Sont abrogées les dispositions antérieures en ce qu'elles ont de contraire au présent décret.

ART. 16.

Le Ministre de l'agriculture et le Ministre des finances sont chargés, chacun en ce qui le concerne, de l'exécution du présent décret, qui sera publié au *Journal officiel*.

Fait à Paris, le 27 novembre 1921.

A. MILLERAND.

Par le Président de la République :

Le Ministre de l'agriculture,

Edm. Lefebvre du Prey.

Le Ministre des finances,

Paul Doumer.

EXTRAIT DU TABLEAU

ANNEXÉ AU DÉCRET DU 27 NOVEMBRE 1921.

(Journal officiel du 11 décembre 1921.)

EMPLOIS.	TRAITE-MENTS SOUMIS à retenue.	SUPPLÉMENTS NON SOUMIS À RETENUE.			NOUVEAUX TRAITEMENTS.
		En 1921.	En 1922.	A partir de 1923.	
	francs.	francs.	francs.	francs.	francs.
Service des laboratoires et stations agronomiques.					
Inspecteurs généraux.					
1re classe	18,000	1,400	4,200	7.000	25,000
2e —	17,000	1,100	3,300	5,500	22,500
3e —	16.000	800	2,400	4,000	⎫
4e —	15,000	1,000	3,000	5,000	20,000
5e —	14,000	1,200	3,600	6,000	⎭
Directeurs des laboratoires centraux.					
1re classe	18,000	400	1,200	2,000	20,000
2e —	17,000	400	1,200	2,000	19,000
3e —	16,000	400	1,200	2,000	18,000
4e —	15,000	400	1,200	2,000	17,000
5e —	14,000	400	1,200	2,000	16,000
6e —	13,000	400	1,200	2,000	15,000
Directeurs.					
1re classe	12,000	1,000	3,000	5,000	17,000
2e —	11,000	1,000	3,000	5,000	16,000
3e —	10,000	1,000	3,000	5,000	15.000
4e —	9,000	1,000	3,000	5,000	14,000
5e —	8,000	1,000	3,000	5,000	13,000
Chimistes principaux.					
1re classe	14,000	200	600	1,000	15,000
2e —	13,000	200	600	1,000	14,000
3e —	12,000	200	600	1,000	13,000
4e —	11,000	200	600	1,000	12,000
Chefs de travaux.					
1re classe	11,000	600	1,800	3,000	14,000
2e —	10,000	600	1,800	3,000	13,000
3e —	9.000	600	1,800	3,000	12,000
4e —	8,000	600	1,800	3,000	11,000
5e —	7,000	600	1,800	3,000	10,000
6e —	6,000	600	1,800	3,000	9,000

EMPLOIS.	TRAITE-MENTS SOUMIS à retenue.	SUPPLÉMENTS NON SOUMIS À RETENUE.			NOUVEAUX TRAITEMENTS.
		En 1921.	En 1922.	A partir de 1923.	
	francs.	francs.	francs.	francs.	francs.
Service des laboratoires et stations agronomiques. (Suite.)					
Préparateurs.					
1ʳᵉ classe......................	11,000	200	600	1,000	12,000
2ᵉ —	10.000	200	600	1,000	11,000
3ᵉ —	9,000	200	600	1,000	10,000
4ᵉ —	8,000	200	600	1,000	9,000
5ᵉ —	7,000	200	600	1,000	8,000
6ᵉ —	6,000	200	600	1,000	7,000
Secrétaire principal.					
1ʳᵉ classe......................	11,000	ʺ	ʺ	ʺ	11,000
2ᵉ —	10,000	ʺ	ʺ	ʺ	10,000
3ᵉ —	9,000	ʺ	ʺ	ʺ	9,000
4ᵉ —	8,000	ʺ	ʺ	ʺ	8,000
5ᵉ —	7,000	ʺ	ʺ	ʺ	7,000
6ᵉ —	6,000	ʺ	ʺ	ʺ	6,000
Secrétaires.					
1ʳᵉ classe......................	10.000	200	600	1,000	11,000
2ᵉ —	9,000	200	600	1,000	10,000
3ᵉ —	8,100	180	540	900	9,000
4ᵉ —	7,200	160	480	800	8,000
5ᵉ —	6,300	140	420	700	7,000
6ᵉ —	5,400	120	360	600	6,000
7ᵉ —	4,500	ʺ	ʺ	ʺ	4,500

EXTRAIT

DE LA LOI DE FINANCES DU 31 DÉCEMBRE 1921.

ART. 129.

A dater du 1er janvier 1922, il sera fait recette au budget de l'Institut des Recherches agronomiques des droits d'études, de bibliothèque et de travaux pratiques, acquittés par les élèves, suivant tarifs fixés par le Ministre de l'agriculture, ainsi que des frais d'analyses, d'essais ou de recherches effectués à titre onéreux par les laboratoires et stations dépendant de l'institut.

Les ressources provenant de ces recettes ne pourront être affectées qu'aux objets suivants : dépenses de laboratoires, bibliothèques et collections, construction et entretien des bâtiments, attribution de missions et de subventions.

. . . .

. . . .

ARRÊTÉ.

—

Le Ministre de l'agriculture,

Le Ministre des finances,

Vu l'article 79 de la loi de finances du 30 avril 1921;

Vu le décret du 26 décembre 1921 portant règlement d'administration publique sur les recettes, les dépenses et la comptabilité de l'Institut des Recherches agronomiques, et notamment l'article 40 de ce décret :

Arrêtent :

TITRE I.

DISPOSITIONS GÉNÉRALES.

—

ARTICLE PREMIER.

Les services financiers de l'Institut des Recherches agronomiques s'exécutent par gestion et par exercice, et il en est rendu compte de la même manière.

ART. 2.

La gestion comprend toutes les opérations de recettes et de dépenses effectuées dans une même année ou pendant la durée des fonctions du comptable.

ART. 3.

Le budget est l'acte par lequel sont prévues et autorisées les recettes et les dépenses annuelles.

L'exercice est la période d'exécution des services du budget.

Les droits acquis et les services faits du 1er janvier au 31 décembre de l'année qui donne son nom à un budget sont seuls considérés comme appartenant à ce budget.

ART. 4.

La période d'exécution des services du budget embrasse, outre l'année même à laquelle ce budget s'applique, des délais complémentaires accordés sur l'année suivante pour achever les opérations relatives au recouvrement des produits, à la constatation des droits acquis, à la liquidation, au mandatement et au payement des dépenses.

Ces délais s'étendent pendant la seconde année jusqu'au 31 mars pour la liquidation et le recouvrement des droits acquis à l'institut pendant l'année du budget jusqu'à la même date pour la liquidation et le mandatement des sommes dues aux créanciers et jusqu'au 30 avril pour le payement des dépenses.

A l'expiration de ces délais, l'exercice est clos.

ART. 5.

Le Directeur de l'Institut des Recherches agronomiques est seul ordonnateur des dépenses.

En cas d'absence ou d'empêchement, il peut être suppléé par un assesseur nommé par le Ministre de l'agriculture et dont la signature devra être accréditée auprès du comptable chargé des payements.

ART. 6.

Les recettes et les dépenses sont effectuées par l'agent comptable.

Il est chargé seul, et sous sa responsabilité, de faire toute diligence pour assurer la rentrée des revenus et des créances, legs, donations et autres ressources de l'institut et de faire procéder, contre les débiteurs en retard, aux exploits, significations, poursuites et commandements à la requête du Directeur. Néanmoins, avant de faire opérer une saisie-arrêt ou une saisie exécution, il doit en référer au Directeur, qui ne peut s'opposer à l'exécution de ces mesures que par un ordre écrit, mentionnant l'avis conforme du Conseil d'administration.

L'agent comptable acquitte, dans la limite des crédits régulièrement ouverts, les dépenses mandatées par l'ordonnateur.

Les fonctions d'ordonnateur sont incompatibles avec celles de comptable.

En cas d'absence momentanée, l'agent comptable fait assurer sa gestion, pour son compte et sous sa responsabilité, par un mandataire muni d'une procuration régulière et agréé par le Directeur de l'institut.

ART. 7.

Toute personne autre que le comptable, qui, sans autorisation légale, s'est ingérée dans le maniement des deniers de l'établissement est, par ce seul fait, constituée comptable sans préjudice des poursuites qu'elle encourt, par application de l'article 258 du Code Pénal, comme s'étant immiscée, sans titre, dans des fonctions publiques.

ART. 8.

L'agent comptable est justiciable de la Cour des Comptes, devant laquelle il prête serment; il fournit en garantie de sa gestion un cautionnement dont le montant est fixé par une décision concertée entre le Ministre de l'agriculture et le Ministre des finances.

Il est soumis aux vérifications de l'Inspection générale des finances, ainsi qu'aux vérifications de l'Inspection des associations agricoles et des institutions de crédit.

TITRE II.

DU BUDGET ET DES CRÉDITS.

ART. 9.

Le budget de l'Institut des Recherches agronomiques comprend :

1° Des recettes et des dépenses ordinaires ;

2° Des recettes et des dépenses extraordinaires ;

ART. 10.

Les *Recettes du budget ordinaire* se composent :

1° Des subventions annuelles de l'État inscrites au budget général du Ministère de l'agriculture ;

2° Des subventions et fonds de concours de toute nature ayant un caractère annuel et permanent provenant de départements, de communes, d'associations syndicales ou autres, ou de particuliers ;

3° Des revenus des biens ;

4° Du produit de la vente des publications de l'institut, ou des stations et laboratoires ;

5° Du produit des analyses ou des travaux scientifiques effectués à titre onéreux pour les particuliers, par les laboratoires et stations suivant tarifs fixés par le Conseil d'Administration ;

6° De toutes autres ressources d'un caractère annuel et permanent.

ART. 11.

Les *Recettes extraordinaires* comprennent :

1° Le produit des emprunts ;

2° Le prix des biens aliénés ;

3° Les subventions, dons, legs, libéralités et fonds de concours de toute nature provenant de départements, de communes, d'associations syndicales ou autres ou de particuliers ayant un caractère accidentel ;

4° Toutes autres recettes accidentelles et notamment les prélèvements sur le fonds de réserve.

ART. 12.

Les *Dépenses ordinaires* comprennent :

1° Les impositions établies par les lois ;

2° La rémunération du personnel de l'institut prévu aux articles 17 et 18 du décret du 26 décembre 1921 ;

3° Les frais d'administration y compris les jetons de présence et frais de déplacement des membres du Conseil d'administration ;

4° Les frais de location, d'entretien de bâtiments, de mobilier, de matériel et produits de laboratoire, de chauffage, d'éclairage ; les frais d'impression, de bureau, les dépenses de bibliothèque de l'institut et de ses stations et laboratoires ;

5° Les frais de missions ;

6° Les subventions à des établissements dans lesquels se poursuivent des recherches scientifiques intéressant l'agriculture ;

7° Toutes autres dépenses d'un caractère annuel et permanent.

ART. 13.

Les dépenses extraordinaires comprennent les dépenses temporaires ou accidentelles imputées sur une des recettes énumérées à l'article 11 ou sur l'excédent des recettes ordinaires.

ART. 14.

Le budget est préparé par le Directeur, délibéré par le Conseil d'administration, dans la première quinzaine de novembre pour l'année à venir et soumis dans la quinzaine suivante à l'approbation du Ministre de l'agriculture et du Ministre des finances.

Les crédits reconnus nécessaires, en cours d'exercice, sont délibérés et approuvés dans les mêmes formes.

ART. 15.

A la clôture d'un exercice, le Conseil d'administration, sur la proposition du Directeur, reporte en recette sous un titre spécial au budget de l'exercice courant, l'excédent des recettes sur les dépenses effectuées an titre de l'exercice expiré.

Sont également reportés au budget de l'exercice en cours les restes à recouvrer et les restes à payer de l'exercice clos.

Les sommes provenant de l'excédent de recettes et non affectées à des besoins prévus donnent lieu, conformément à l'article 33 du décret du 26 décembre à un versement au fonds de réserve sous forme d'une acquisition de valeurs dont le prix d'achat est porté au débit du compte hors budget « Achats et ventes de valeurs du fonds de réserve ».

ART. 16.

Les recettes et les dépenses du budget sont divisées par chapitre et, s'il y a lieu, par article et paragraphe.

Les services du personnel et du matériel doivent être compris dans des chapitres distincts.

Cette spécialité par chapitre est impérative pour l'ordonnateur comme pour le comptable; aucun virement ne peut être effectué entre les divers chapitres sans avoir été préalablement soumis au Conseil d'administration et approuvé par le Ministre de l'agriculture.

ART. 17.

Les fonds libres de l'institut sont versés en compte courant au Trésor sans intérêt.

ART. 18.

La partie de l'excédent des recettes sur les dépenses à la clôture d'un exercice qu'il n'est pas nécessaire de maintenir aux fonds libres pour les besoins du service courant, est versée à un fonds de réserve et employée en rentes sur l'État ou en obligations nominatives des chemins de fer de l'État et des grandes compagnies de chemins de fer ou en valeurs garanties par l'État, autres que les bons de la Défense nationale. Les prélèvements à effectuer sur ce fonds de réserve sont décidés par le Ministre de l'agriculture, après avis du Conseil d'administration. Les titres sont conservés par l'agent comptable.

ART. 19.

Les reversements de fonds provenant soit de restitution pour cause de trop payé à des créanciers de l'institut, soit de remboursement d'avances consenties dans les conditions indiquées à l'article 37 du présent règlement et non employés ou non justifiés, donnent lieu, quand ils sont faits au cours de l'exercice sur lequel l'ordonnancement a été effectué, à un rétablissement d'égale somme au crédit de l'article qui avait d'abord supporté la dépense.

Ce rétablissement de crédit résulte de l'annulation des payements antérieurs, laquelle est opérée par l'agent comptable sur la production, par le Directeur, d'un bordereau indiquant :

1° La date, le numéro, ainsi que le montant du mandat sur lequel porte le remboursement ;

2° La date, le numéro et le montant de la quittance à souche constatant le recouvrement effectué.

Les reversements opérés postérieurement à la cloture de l'exercice auquel appartenait la dépense ou l'avance, ne peuvent donner lieu à aucun rétablissement de crédit, et doivent être portés en recette avec application au budget de l'exercice courant.

Quels que soient les motifs de reversements, ceux-ci sont toujours effectués en vertu d'ordres de reversements délivrés par le Directeur.

ART. 20.

Aucune dépense imputable sur les crédits ouverts au budget ne peut être engagée que par l'ordonnateur.

L'ordonnateur ne peut, sous sa responsabilité, engager aucune dépense avant qu'il ait été pourvu au moyen de la payer par un crédit régulièrement ouvert.

ART. 21.

Toutes les dispositions législatives et réglementaires relatives au contrôle des engagements de dépenses s'appliquent à l'Institut des Recherches agronomiques.

TITRE III.

DES RECETTES.

ART. 22.

Le Directeur est chargé de l'établissement et de la transmission à l'agent comptable des titres de recettes.

Les prix de vente des publications de l'institut ainsi que le montant des divers services rendus par lui sont fixés par le Conseil d'administration sous réserve de l'approbation du Ministre.

ART. 23.

Le comptable recouvre les divers produits aux échéances déterminées par les titres de perception. Il délivre des quittances pour toutes les sommes versées à sa caisse.

Les quittances sont détachées d'un registre à souche. Elles sont assujetties au droit de timbre.

Le prix du timbre, lorsqu'il est exigible, s'ajoute de plein droit au montant de la somme due et est soumis au même mode de recouvrement.

ART. 24.

Si au 3o avril de la seconde année, il existe des restes à recouvrer sur quelques-uns des produits ou revenus de l'institut, l'agent comptable rend compte et justifie à l'ordonnateur des circonstances qui se sont opposées à la rentrée des reliquats; il établit, à cet effet, un bordereau détaillé des sommes qui devraient être perçues.

L'ordonnateur détermine sur cet état :

1° La portion de l'arriéré qu'il y a lieu de reporter à l'exercice suivant ;

2° La portion dont le comptable serait dans le cas d'obtenir décharge ;

3° Celle qui devrait demeurer à la charge du comptable.

Le Conseil d'administration statue sur ces trois propositions.

L'ordonnateur assure l'exécution de cette décision au moyen d'un arrêté inséré à la suite de l'état des restes à recouvrer.

Au vu de cet arrêté, le comptable déduit du montant des sommes qui auraient dû être perçues au cours de l'exercice expiré l'ensemble des restes à recouvrer au 3o avril précédent, et il prend charge comme créances nouvelles de l'exercice en cours, des sommes transportées à cet exercice et de celles mises à sa charge.

ART. 25.

L'agent comptable est chargé de la vente des publications de l'institut.

Il constate les entrées et les sorties des publications sur un registre spécial ouvert par nature de publication. Ce registre est visé chaque mois par le Directeur; à la même époque les frais d'affranchissement (sur la production de bons indiquant le nombre de timbres fourni à l'agent chargé du service du départ et revêtus de la signature de cet agent) ou autres, qui ont pu être avancés par l'agent comptable sont mandatés à son profit.

Les ventes sont faites au comptant et contre espèces.

Toutefois, pour les publications importantes, des contrats pourront être passés avec des éditeurs en vue de leur vente.

Ces contrats devront être approuvés par le Conseil d'administration.

L'agent comptable est chargé, dans ce cas, d'encaisser les recettes faites par l'éditeur.

Lorsqu'il sera fait appel, pour la vente, au concours des libraires, l'agent comptable remettra à chacun de ces intermédiaires, qui ne pourront être que des commerçants notoirement solvables, un nombre déterminé d'ouvrages indiqué dans un procès-verbal en double exemplaire, signé par le libraire et par l'agent comptable, un exemplaire étant conservé par chacune des deux parties. Tous les trois mois, les libraires devront verser à l'agent comptable le prix des volumes vendus et lui remettre en même temps un bordereau décompté et signé indiquant le nombre, par catégorie, le prix unitaire et la valeur totale des ouvrages. Tous les six mois, et dans tous les cas le 31 décembre de chaque année, les exemplaires invendus seront renvoyés à l'agent comptable auquel les intéressés verseront le prix des volumes vendus au cours du dernier mois. Ce versement sera accompagné d'un état établi dans les conditions qui viennent d'être spécifiées mais qui comportera, en outre, les dispositions suivantes :

1° Valeur des volumes remis en dépôt aux libraires six mois auparavant ;

2° Montant des versements trimestriels successifs ;

3° Différence entre ces deux éléments représentant le prix des volumes restitués.

Cet état semestriel sera certifié exact par l'agent comptable. Une commission, dont le montant sera fixé par un contrat entre le Directeur de l'institut et les libraires, avec l'approbation du Conseil d'administration, sera ordonnancée au profit de ces derniers proportionnellement au nombre des exemplaires vendus.

TITRE IV.

DES DÉPENSES.

ART. 26.

Aucun payement ne peut être effectué qu'au véritable créancier justifiant de ses droits et pour l'acquittement d'un service fait, sauf les exceptions prévues à l'article 37 du présent règlement.

ART. 27.

Les marchés et conventions pour travaux et fournitures ne peuvent comporter d'acompte que pour un service fait. Les acomptes ne doivent, en aucun cas, excéder les $9/10^{es}$ des droits constatés par pièces régulières présentant le décompte du service.

ART. 28.

La constatation des droits des créanciers doit précéder le mandatement, sauf les exceptions prévues à l'article 37, et résulte des pièces justificatives dûment arrêtées.

Les créances dont les titres ont été produits trop tardivement pour que le mandatement puisse en être fait avant la clôture de l'exercice, doivent néanmoins être liquidées et comprises dans les restes à payer de cet exercice.

ART. 29.

L'exercice auquel appartiennent les dépenses énumérées ci-après est déterminé, savoir :

1° Pour les secours temporaires et éventuels, par la date de la décision accordant le secours;

2° Pour les subventions à des établissements publics, par l'imputation spécifiée dans la décision allouant les subventions;

3° Pour les intérêts à la charge de l'établissement, par l'époque de leur échéance;

4° Pour les condamnations prononcées contre l'établissement, par la date des décisions judiciaires, jugements et arrêts définitifs ou de l'acte administratif d'acquiescement à un jugement non définitif;

5° Pour les créances qui font l'objet d'une transaction, par la date de la transaction;

6° Pour les fournitures effectuées en vertu de marchés stipulant des formalités de réception définitive, après livraison :

a) Par la date de la liquidation, quant aux acomptes payables en cours d'exécution,

b) Par celle de l'accomplissement des formalités précitées, quant aux parfaits payements;

7° Pour les sommes dues aux entrepreneurs de travaux et dont le payement a été ajourné à titre de retenues de garanties, par la date du certificat de réception définitive;

8° Pour le prix d'acquisition d'immeubles :

a) Lorsqu'il y a eu adjudication publique, par la date du jugement ou du procès-verbal d'adjudication, *b)* Lorsqu'il y a eu expropriation, non suivie de convention amiable ou cession amiable sans accord sur le prix, par la date de l'ordonnance du magistrat directeur du jury dont la délibération a réglé le montant de l'indemnité.

c) Lorsqu'il y a eu acquisition amiable ou un accord sur une indemnité d'expropriation, par la date du contrat.

d) Lorsque le titre d'acquisition a stipulé exceptionnellement des termes de payement, par l'époque des échéances.

9° Pour les loyers, par la date du jour qui précède l'échéance de chaque terme;

10° Pour le remboursement à l'agent comptable des frais de poursuites, d'instances et autres dont il a fait l'avance, par la date d'émission des mandats;

11° Pour la restitution des sommes indûment portées en recettes dans le budget de l'établissement, par la date de l'ordonnancement.

Les frais accessoires se rapportent au même exercice que la dépense principale.

ART. 30.

Aucune dépense ne peut être acquittée si elle n'a pas été préalablement mandatée par l'ordonnateur.

ART. 31.

Le mandat énonce l'exercice, le chapitre, et, s'il y a lieu, l'article et le paragraphe auxquels se rapporte la dépense, ainsi que le montant du crédit ouvert au titre du chapitre et de l'article: il ne peut comprendre qu'une seule créance individuelle ou collective; il indique les pièces justificatives produites à l'appui de la dépense: le montant en est exprimé en chiffres et en toutes lettres et il est daté et signé par l'ordonnateur.

Chaque mandat porte un numéro d'ordre: la série des numéros d'ordre est unique par exercice.

ART. 32.

Le mandat contient toutes les indications de noms et de qualités nécessaires pour permettre au comptable de reconnaitre l'identité du créancier.

La partie prenante désignée par le mandat est toujours le créancier réel, c'est-à-dire la personne qui a fait le service, effectué les fournitures et les travaux ou qui a un droit à exercer contre l'institut, sauf toutefois les exceptions prévues à l'article 34.

Il ne peut être émis de mandat au nom du mandataire du créancier, ni au nom du cessionnaire d'une créance. Le mandat délivré après le décès du créancier au profit de ses héritiers ne désigne pas chacun d'eux, mais porte seulement cette indication générale : M. X... (les héritiers).

ART. 33.

En cas de perte d'un mandat, il en est délivré un duplicata sur la déclaration motivée de la partie intéressée et d'après l'attestation écrite du comptable portant que le mandat n'a pas été payé.

La déclaration de perte et l'attestation de non payement sont jointes au duplicata délivré par le Directeur qui garde des copies certifiées de ces pièces.

ART. 34.

Tout mandat de payement doit être appuyé des pièces qui constatent que son effet est d'acquitter, en tout ou partie, une dette de l'établissement régulièrement justifiée conformément à la nomenclature annexée au présent règlement.

En cas de payement à des ayants droit ou à des représentants du titulaire, le comptable doit exiger, sous sa resposabilité, et d'après le droit commun, les pièces constatant, suivant les cas, les qualités et droits des parties prenantes à donner quittance libératoire pour l'établissement.

ART. 35.

Les pièces justificatives produites à l'appui d'un mandat doivent être revêtues du visa de l'ordonnateur.

L'usage d'une griffe est interdit pour toute signature à opposer sur les mandats et pièces justificatives.

ART. 36.

Les titres produits pour la justification des dépenses notamment les factures et les mémoires des fournisseurs et des entrepreneurs doivent indiquer la date précise, soit de l'exécution des services ou des travaux, soit de la livraison des fournitures; ils sont totalisés en chiffres et certifiés en toutes lettres, datés et signés par les créanciers, et le domicile de ces derniers doit y être indiqué.

L'ordonnateur arrête en toutes lettres le montant de ces pièces. Celles-ci sont établies sur papier timbré; le prix du timbre ne doit pas être ajouté au montant de la créance. Pour les dépenses qui n'excèdent pas 50 francs dans la totalité, la production d'une facture ou d'un mémoire peut être remplacée par le détail des fournitures du mandat.

ART. 37

Un agent spécial par laboratoire, délégué par le Directeur, peut être chargé, dans chaque laboratoire ou station, à titre de régisseur, et à charge de rapporter, dans le mois, au comptable, les acquits des créanciers réels et des pièces justificatives, de payer, au moyen d'avances mises à sa disposition, les menues dépenses de l'établissement; les avances ne peuvent pas excéder 3,000 francs.

Des avances peuvent être faites également aux personnes envoyées en mission, en exécution de délibérations du Conseil d'administration, approuvées par le Ministre de l'agriculture, qui fixe la quotité de ces avances, qui ne peuvent dépasser 10,000 francs. Ces personnes doivent produire au comptable, au plus tard dans le délai d'un mois après leur retour de mission, les acquits des créanciers réels et les pièces justificatives.

Aucune nouvelle avance ne peut, dans les limites prévues aux deux paragraphes ci-dessus, être faite par le comptable qu'autant que les acquits et les pièces justificatives de l'avance précédente lui ont été fournis et que la portion de cette avance dont il reste à justifier a moins d'un mois de date.

Les régisseurs joignent aux pièces et quittances fournies par les parties prenantes un bordereau en double expédition, de ces pièces, qui est, comme elles, soumis à la vérification et au visa de l'ordonnateur. Ce bordereau est transmis à l'agent comptable qui en annexe une expédition au mandat d'avance et remet l'autre expédition, revêtue de sa déclaration de réception au régisseur.

ART. 38.

Le Directeur doit adresser régulièrement à l'agent comptable, avec les mandats qu'il a émis sur sa caisse, un bordereau d'émission auquel sont jointes les pièces justificatives de dépenses. Après vérification, le

5.

comptable renvoie à l'ordonnateur les mandats revêtus de son visa ou accompagnés d'une note faisant connaître les motifs pour lesquels il a cru devoir s'abstenir de les viser. Il conserve le bordereau d'émission, ainsi que les pièces justificatives, et poursuit au besoin la régularisation de ces dernières près du Directeur.

ART. 39.

Le payement de tous les mandats sans exception est fait par l'agent comptable ou pour son compte dans le cas prévu à l'article 49.

ART. 40.

Avant de procéder au payement, l'agent comptable doit s'assurer sous sa responsabilité que toutes les formalités déterminées par les lois et règlements ont été observées, que toutes justifications sont produites et qu'il n'existe à ce point de vue aucune omission ou irrégularité matérielle, afin que, par sa date et son objet, la dépense constitue une charge de l'exercice sur lequel le mandat est imputé.

ART. 41.

L'agent comptable est tenu, sous sa responsabilité, de s'assurer de l'identité des parties prenantes. Tout mandat appuyé de justifications complètes et régulières et qui n'excède pas la limite du crédit sur lequel il doit être imputé est payable sur la quittance de la partie prenante ou de son représentant dûment autorisé. La procuration doit être jointe au mandat acquitté.

ART. 42.

Les sommes de 150 francs et au-dessous dues aux héritiers ou ayants droit d'un créancier de l'institut, peuvent être payées sur la production d'un certificat du maire de la résidence du défunt, énonçant que les parties dénommées ont seules le droit de toucher le montant de la créance en qualité d'héritiers.

Lorsque la somme due n'excède pas 50 francs, le payement peut en être effectué sur la production des pièces ordinaires, entre les mains d'un seul des ayants droit, à la condition qu'il consente en donnant quittance, à se porter fort de ses co-héritiers.

Tous les payements faits à des héritiers devront être immédiatement signalés à l'enregistrement.

ART. 43.

Le payement des mandats doit être suspendu par l'agent comptable dans les cas suivants :

1° Insuffisance de fonds appartenant à l'établissement;

2° Absence de crédits ou insuffisance de crédits ouverts au budget;

3° Opposition dûment signifiée;

4° Difficulté touchant à la validité de la créance.

En dehors de ces cas, aucun refus de payement ne peut avoir lieu que pour cause d'omission ou d'irrégularité matérielle dans les pièces justificatives de la dépense ou à raison de difficultés résultant des constatations prescrites par l'article 41.

ART. 44.

Les motifs de tout refus de payement doivent être énoncés dans une déclaration écrite et immédiatement délivrée par l'agent comptable au titulaire du mandat.

ART. 45.

Si l'ordonnateur requiert, par écrit et sous sa responsabilité personnelle, qu'il soit passé outre à la régularité du payement, l'agent comptable y procède immédiatement et il annexe au mandat, avec une copie de la déclaration, l'original de la déclaration qu'il a reçue.

Le Directeur informe le Ministre de l'agriculture des réquisitions qu'il a faites.

L'agent comptable en informe de son côté le Ministre des finances.

Le droit de réquisition accordé à l'ordonnateur ne pourra jamais s'exercer quand le refus de payement par l'agent comptable sera fondé sur l'un des motifs énoncés au 1er paragraphe de l'article 43.

ART. 46.

Les imputations de payement reconnues erronées pendant le cours d'un exercice sont rectifiées dans les écritures de l'agent comptable au moyen de certificats de réimputation délivrés par l'ordonnateur. Les changements d'imputation ne sont plus admis dès que le compte de l'agent comptable a été définitivement arrêté.

ART. 47.

La quittance de la partie prenante est apposée sur le mandat au moment même du payement et en présence de l'agent comptable, sauf l'exception prévue à l'article 49. Elle est datée et ne doit contenir ni restriction ni réserve.

Les payements faits à un comptable donnent lieu en outre à la délivrance d'une quittance à souche ou d'un récépissé à talon qui est annexé au mandat acquitté pour ordre. Lorsqu'il s'agit de payements collectifs, il peut être suppléé aux quittances individuelles des ayants droit par des états d'émargement dûment certifiés par l'ordonnateur ; ces états désignent la personne autorisée à recevoir le montant du mandat et à donner quittance sur ce mandat.

ART. 48.

Les reçus, quittances ou décharges sous seing privé émanant des particuliers, autres que ceux donnés pour l'ordre de la comptabilité sont passibles du droit de timbre, sauf les exceptions déterminées, en exécution des lois, par les décisions et instructions du Ministre des finances.

ART. 49.

Lorsque des créanciers résidant à l'étranger demandent à être payés par virement à un compte courant ouvert à leur nom dans un établissement de crédit ayant son siège en France, les mandats devront être revêtus par l'ordonnateur d'une mention spéciale indiquant :

1° Que le payement doit être fait par virement ;

2° L'établissement où le compte est ouvert ;

3° Le numéro du compte du déposant ;

4° La somme nette à porter au crédit du dit compte.

Ce mandat sera accompagné de l'avis de crédit et figurera sur un bordereau d'émission distinct portant, à l'encre rouge, l'indication « à payer par virement de compte ».

En ce qui concerne les créanciers qui ne peuvent être réglés de cette façon et qui n'ont pas de mandataire chargé d'encaisser pour leur compte le montant des mandats émis à leur profit par l'institut, il est procédé comme suit :

Le mandat émis au profit du créancier lui est adressé après avoir été revêtu par l'agent comptable de la mention « vu bon à payer, par l'intermédiaire du consulat de France à . . . . . . ».

Il y aura lieu d'adresser au Consul intéressé une demande de payement par traite avec l'indication des pièces qu'il aura à exiger de la partie. Avis d'émission de la traite sera adressé au caissier payeur central, qui payera cette dernière lorsqu'elle aura été revêtue du visa d'acceptation de l'institut. Une fois la traite payée, l'institut devra couvrir de son montant la Caisse Centrale, au moyen d'un mandat budgétaire auquel il joindra ultérieurement les pièces justificatives et la quittance de la partie dont l'envoi lui aura été fait par le Consul.

ART. 50.

Toute saisie, arrêt ou opposition sur les sommes dues par l'Institut des recherches agronomiques, toutes significations de cession ou de transport des dites sommes et toutes autres ayant pour objet d'en arrêter le payement doivent être faites entre les mains de l'agent comptable.

ART. 51.

Les mandats qui ne sont pas présentés au payement avant le 30 avril de la seconde année de l'exercice sont annulés et les dépenses qui en font l'objet ne peuvent être acquittées qu'au moyen d'un nouveau mandatement sur l'exercice suivant.

ART. 52.

Lors de la clôture de l'exercice, l'agent comptable remet à l'ordonnateur un état détaillé des sommes restant à payer en indiquant la nature de la créance, le nom des créanciers et la somme due ; il joint les pièces justificatives des dépenses non acquittées.

TITRE V.

DES ÉCRITURES ET DES COMPTES.

§ 1er. — *Écritures de l'ordonnateur.*

ART. 53.

La comptabilité administrative de l'Institut des recherches agronomiques embrasse tout ce qui concerne :

1° Le recouvrement des produits;

2° La liquidation, le mandatement et le payement des dépenses; elle est établie par exercice et suivie par le Directeur ordonnateur.

ART. 54.

Le Directeur de l'institut tient un carnet d'enregistrement des titres de perception qu'il remet à l'agent comptable.

Ce carnet indique :

1° Les droits constatés au profit de l'Institut des recherches agronomiques et la désignation du débiteur;

2° La date du titre de perception;

3° Le montant de la recette à effectuer;

4° L'article du budget auquel la recette doit être appliquée;

5° Les recouvrements opérés.

ART. 55.

L'exécution du service de la dépense implique la tenue d'un livre journal des mandats émis et d'un grand livre.

Les mandats émis sont inscrits au livre journal, suivant leur ordre d'émission.

Le grand livre présente par chapitre et par article de dépenses :

1° Les crédits;

2° Les droits constatés au profit des créanciers de l'institut;

3° Les mandats délivrés;

4° Les payements effectués à chaque créancier.

ART. 56.

Le Directeur tient, en outre du registre des dépenses engagées, les livres auxiliaires suivants :

1° Un registre des commandes faites aux fournisseurs ;

2° Un livre des fonds de l'institut destiné à permettre de suivre la situation des comptes dont il peut être fait emploi pour l'acquittement des dépenses ;

3ᵉ Un carnet des dépôts et retraits de fonds déposés au Trésor.

ART. 57.

Le journal, le grand livre et les livres auxiliaires sont arrêtés à la clôture de l'exercice.

ART. 58.

Tous les livres de comptabilité de l'ordonnateur sont cotés et paraphés par le Président du Conseil d'administration.

§ II. — *Compte de l'ordonnateur.*

ART. 59.

Chaque année, au mois de mai, le Directeur ordonnateur dresse le compte administratif de l'exercice expiré.

Ce compte présente, par colonnes distinctes et dans l'ordre des chapitres et articles du budget :

En recettes :

1° La nature des recettes ;

2° Les évaluations du budget ;

3° La fixation définitive des sommes à recouvrer d'après les titres justificatifs ;

4° Les sommes recouvrées jusqu'à clôture de l'exercice ;

5° Les sommes restant à recouvrer, à reporter à l'exercice suivant ;

6° Les recettes irrecouvrables.

En dépenses :

1° Les chapitres et articles de dépenses du budget ;

2° Le montant des crédits ;

3° Le montant des droits constatés au profit des créanciers ;

4° Le montant des sommes payées sur ces crédits jusqu'à la clôture de l'exercice ;

5° Les restes à payer à reporter au budget de l'exercice suivant ;

6° Les crédits ou portions de crédits non employés et qu'il serait nécessaire de reporter.

ART. 60.

Ce compte administratif est soumis à l'examen du Conseil d'administration avant le 1er juillet et accompagné :

1° De l'état détaillé des dépenses liquidées, mais dont l'ordonnancement n'a pu être effectué avant le 31 mars de la deuxième année ;

2° De l'état détaillé des dépenses ordonnancées, mais non payées avant la clôture de l'exercice ;

3° D'un rapport contenant tout développement et explications nécessaires sur le fonctionnement du service au point de vue financier ;

4° S'il y a lieu, des avis et observations du Conseil d'administration de l'institut.

Le conseil d'administration prend une délibération sur ce compte, qui est ensuite soumis avant le 1er août à l'approbation du Ministre de l'agriculture.

Un exemplaire du compte approuvé est joint au compte de l'agent comptable.

§ 3. — Ecritures de l'agent comptable.

ART. 61.

L'agent comptable tient, pour la description des opérations qu'il effectue, les registres suivants :

1° Un quittancier à souche sur lequel il inscrit à leur date et sans lacune toutes les sommes versées à sa caisse pour le compte de l'institut, à quelque titre que ce soit.

2° Un livre journal de caisse et de portefeuille sur lequel il inscrit chaque jour à sa date toute somme reçue ou payée pour le compte de l'établissement ;

3° Pour les opérations budgétaires, un sommier des recettes et un sommier des dépenses dans chacun desquels sont classées par chapitre et article et par exercice, toutes les recettes et toutes les dépenses ;

4° Pour les opérations hors budget mentionnées à l'article 63, un carnet sur lequel sont portées par année, d'un côté les recettes, de l'autre les dépenses, avec l'imputation de chacune des opérations au compte du service qu'elles concernent. Le premier article de recettes et de dépenses de l'année est formé pour chaque compte par le solde des opérations de l'année précédente.

5° Un registre des biens de l'institut sur lequel sont inscrites les valeurs constituant le fonds de réserve ainsi que les opérations d'achat et de vente concernant ces valeurs.

Ces divers registres sont cotés et paraphés par le Directeur, ils sont arrêtés par lui à la fin de chaque gestion.

ART. 62.

Pour la comptabilité en matières, l'agent comptable tient un registre d'entrée et de sortie des matières et objets de consommation de toute nature.

ART. 63.

Indépendamment des recettes et des dépenses budgétaires, le comptable est chargé de diverses opérations qui sont décrites dans ses écritures au moyen d'une série de comptes hors budget. Ces opérations se rapportent aux services ci-après :

1° Les versements au fonds de réserve et les achats de rente ou de valeurs effectués à l'aide de ce fonds ;

2° Les avances faites sur les fonds de l'institut pour frais de poursuites relatifs aux produits. ainsi que le recouvrement de ces avances :

3° Les retenues sur traitements pour les versements des pensions de retraite ;

4° Les retenues sur traitements, pour oppositions :

5° Les retenues à divers titres autres que celles exercées pour le service des retraites ou oppositions ;

6° Les excédents de versements ;

7° Les reversements pour trop payé sur les dépenses budgétaires ou avances ou portions d'avances faites à des agents envoyés en mission et non employés à rétablir aux crédits budgétaires.

Aucun compte nouveau d'opérations hors budget ne peut être ouvert par l'agent comptable que sur l'autorisation qui lui en aura été donnée par le Ministre de l'agriculture.

ART. 64.

Le Directeur peut à tout moment vérifier la caisse de l'agent comptable et il doit le faire au moins une fois par trimestre. Il arrête les écritures et inscrit le résultat de sa vérification sur le livre journal de caisse.

ART. 65.

Avant le 10 de chaque mois, l'agent comptable remet au Directeur un résumé des dépenses successivement faites jusqu'à la fin du mois précédent sur les divers chapitres et articles du budget.

ART. 66.

L'agent comptable établit d'après les écritures, à la date du 31 décembre et au dernier jour de sa gestion en cas de mutation dans l'année, une situation d'ensemble des opérations effectuées donnant le solde des comptes appartenant à l'établissement.

Le Conseil d'administration procède à la même époque à la constatation des valeurs de caisse et de portefeuille, conformément à l'article 23 du règlement du 26 décembre 1919, et dresse un procès-verbal de ses opérations en double expédition ; l'une des expéditions est produite à la Cour des Comptes, l'autre est conservée par l'agent comptable. Il arrête, en même temps, par application du même article, la situation des valeurs mobilières et immobilières de l'établissement.

§ 4. — *Compte de l'agent comptable.*

ART. 67.

Le compte annuel de gestion rendu par l'agent comptable présente :

1° La situation de l'agent comptable envers l'établissement au 1er janvier de l'année ;

2° Le rappel des opérations complémentaires effectuées au titre de l'exercice précédent du 1er janvier au 30 avril de l'année pour laquelle le compte est rendu.

3° Le développement des autres opérations de toute nature en recettes et en dépenses effectuées pendant l'année avec distinction des opérations budgétaires de l'exercice de cette même année et des opérations hors budget.

4° La situation de l'agent comptable envers l'établissement à la fin de l'année. Le comptable établit en même temps le compte des opérations complémentaires de chaque exercice aussitôt après la clôture et comprend le développement distinct de ces opérations en recettes et en dépenses dans le même document que le compte des opérations des douze premiers mois auquel elles sont réunies. pour présenter, au moyen du rappel de la situation finale de l'exercice antérieur des résultats comparés avec ceux du compte rendu par l'ordonnateur pour chaque exercice.

Les recettes et les dépenses sont classées dans l'ordre du budget.

Le compte du comptable présente par colonnes distinctes :

En recettes :

1° La nature des recettes ;

2° Le montant des produits d'après les titres de perception ;

3° Les sommes recouvrées pendant la première année de l'exercice et pendant les quatre mois complémentaires ;

4° Les sommes restant à recouvrer, à reporter au budget de l'exercice suivant.

En dépenses :

1° Les articles de dépenses du budget ;

2" Le montant des sommes payées sur ces crédits soit dans la première année de l'exercice, soit dans les quatre mois complémentaires ;

3° Les restes à payer à reporter au budget de l'exercice suivant.

En cas de mutation, le compte de l'année est divisé suivant la durée de la gestion des différents titulaires. et chacun d'eux rend séparément compte des opérations qui le concernent.

Les opérations de chacun des comptables en fonctions au cours d'un même exercice sont rappelées au compte du comptable en fonctions à la fin de l'exercice.

ART. 68.

Le compte de gestion est affirmé sincère et véritable, il est daté et signé par l'agent comptable ou par ses ayants droit. Il est établi en double expédition, soumis à l'avis du Conseil d'administration qui prend une délibération sur ses résultats et transmis au Ministre de l'agriculture.

Une des expéditions, visée par le Ministre, est déposée au greffe de la Cour des Comptes avant le 1er octobre de la deuxième année de l'exercice.

ART. 69.

L'agent comptable joint à l'appui de son compte de gestion les pièces ci-après :

1° La situation de la caisse au 31 décembre ;

2° Un exemplaire du budget primitif approuvé par le Ministre ;

3° Un état des recettes supplémentaires ;

4° Un état des crédits supplémentaires avec copie des décisions ministérielles approbatives ;

5° L'état des propriétés foncières des rentes et créances comportant l'actif de l'institut ;

6° Les états détaillés des créances et des dettes à la clôture de l'exercice ;

7° Le bordereau sommaire des adjudications et marchés passés pendant l'année pour les fournitures et travaux ;

8° Copie de la délibération du Conseil d'administration prise conformément à l'article 68 du présent règlement ;

9° Une expédition du compte de l'ordonnateur.

Indépendamment des pièces principales indiquées ci-dessus, le comptable produit des pièces justificatives de recettes et de dépenses renfermées dans les bordereaux détaillés et distincts par chapitres et articles.

En ce qui concerne le mobilier, l'agent comptable produit en même temps que le compte de gestion tous les ans :

1° Un bordereau des augmentations et des diminutions ;

2° Un bordereau des objets détruits ;

3° Un bordereau des objets vendus ;

4° Un procès-verbal de récollement de l'inventaire, procès-verbal dressé à la fin de l'année et constatant le nombre total des objets ;

5° Tous les cinq ans, un inventaire.

ART. 70.

L'arrêt rendu par la Cour des Comptes sur le compte de l'agent comptable de l'institut lui est immédiatement notifié par le greffier en chef de la Cour.

Une autre expédition est transmise au Directeur par l'intermédiaire du Ministre de l'agriculture.

Des accusés de réception sont adressés à la Cour dans la quinzaine de la notification.

ART. 71.

Les injonctions que ledit arrêt impose à l'agent comptable doivent être exécutées dans le délai de deux mois à partir du jour de la notification.

Les pièces et les explications destinées à satisfaire aux injonctions sont adressées à la Cour. Elles sont accompagnées d'un état présentant dans les colonnes distinctes :

1° La copie textuelle des injonctions ;

2° Les réponses ou explications du comptable et l'indication des pièces produites.

ART. 72.

Tout agent comptable nouvellement nommé doit joindre à l'appui de son premier compte de gestion les expéditions certifiées par le Directeur, de l'acte qui l'a nommé, de l'acte de prestation de serment et du certificat de l'inscription de son cautionnement.

ART. 73.

Lorsque l'agent comptable demande le remboursement de son cautionnement, il doit justifier de sa libération par un certificat du Directeur, sans préjudice des autres pièces exigées par le règlement du Ministère des finances, en date du 26 décembre 1866.

ART. 74.

Les dispositions du présent arrêté auront leur effet à dater de ce jour.

Paris, le 27 décembre 1921.

Le Ministre des finances,
Paul DOUMER.

Le Ministre de l'agriculture,
Edm. LEFEBVRE DU PREY.

ANNEXE.

Nº 1490.

CHAMBRE DES DÉPUTÉS.

DOUZIÈME LÉGISLATURE.

SESSION DE 1920.

Annexe au procès-verbal de la 1ʳᵉ séance du 31 juillet 1920.

PROJET DE LOI.

portant création d'un **Institut des Recherches agronomiques.**

(Renvoyé à la Commission de l'Agriculture.)

Présenté au nom de M. Paul DESCHANEL, Président de la République française,
par M. J.-H. RICARD, Ministre de l'Agriculture
et par M. F. FRANÇOIS-MARSAL, Ministre des Finances.

EXPOSÉ DES MOTIFS.

MESSIEURS,

Par les capitaux qu'elle met en œuvre, par la valeur de sa production et par
le nombre d'ouvriers qu'elle occupe, l'agriculture est évidemment la première
de nos industries. Mais on se rend mieux compte de l'énorme importance qu'elle
présente pour notre pays, en remarquant que si toutes les mines de charbon ou
de pétrole se trouvaient tout à coup épuisées, la vie industrielle serait aussitôt
arrêtée, alors que l'agriculture serait à peine touchée.

C'est qu'en effet, l'industrie agricole est une industrie dont les usines s'étendent en surface et dont le moteur est le soleil. Bien loin de consommer du
combustible, elle en produit, sous la forme de matières alimentaires, qui sont
le combustible de l'homme et des animaux, sous la forme de bois et de matières
hydrocarbonées dont l'accumulation séculaire a produit la houille.

Les machines qu'elle emploie sont les plantes, organismes complexes et délicats qui, sous l'action de l'énergie solaire fabriquent avec l'air, l'eau et les éléments minéraux du sol, des matières organiques variées.

Les déterminations thermochimiques ont montré que, quels que soient le mode de culture et l'espèce cultivée, les plantes actuelles utilisent moins de la centième partie de l'énergie apportée par la lumière qui les baigne.

Il est donc logique de chercher, par des conditions de culture nouvelles, une utilisation meilleure d'une énergie qui ne nous coûte rien.

Ainsi la possibilité d'obtenir des rendements magnifiques, auprès desquels nos rendements actuels paraîtront misérables, n'apparaît-elle pas comme une vision chimérique.

Sans doute le sol ne pourrait-il, pour une production intensive, fournir en quantité suffisante, à la plante, les éléments minéraux qui sont, avec l'air et l'eau, ses matières premières, mais on sait maintenant mettre ces éléments de fertilité à sa disposition, sous forme d'engrais azotés, phosphorés ou potassiques. Or, nos immenses réserves de phosphate de l'Afrique du Nord, notre gisement considérable de sels de potasse d'Alsace, nous permettraient de faire face à tous les besoins, sans aucune importation étrangère.

Quant aux engrais azotés, il ne tient qu'à nous de réaliser, par la voie synthétique, une production de sels ammoniacaux qui réduise, dans une mesure aussi large qu'on voudra, le tribut que nous payons chaque année à l'étranger, par l'importation du nitrate de soude du Chili.

Parallèlement, se posera le problème de l'eau; car on sait qu'il faut 300 grammes d'eau en moyenne pour produire un gramme de plante, mais, là encore, la solution est à notre portée.

Ayant à sa disposition autant de matières premières qu'il faudra, disposant d'une énergie motrice illimitée, on peut dire que la puissance de notre industrie agricole est elle-même, en quelque sorte, illimitée.

Le problème est évidemment complexe. Il s'agit, en effet, d'une industrie biologique, longtemps restée dans le domaine de l'empirisme et dont nous n'avons pénétré le mystère que depuis peu. Son étude ne peut être poursuivie qu'en mettant en œuvre toutes nos connaissances scientifiques.

Ces idées ont été développées dans un remarquable rapport sur les moyens d'intensifier la production agricole, présenté à l'Académie des Sciences, en 1918, par M. Tisserand, membre de l'Institut, directeur honoraire de l'Agriculture, et dont les conclusions ont reçu l'approbation de la savante Assemblée.

Envisageant les moyens à employer, l'éminent rapporteur s'exprime ainsi :

« Pour que la plante, comme outil de transformation donne le maximum de rendement, il faut qu'elle soit constituée, perfectionnée, de façon à utiliser la plus grande somme de cette énergie solaire, afin qu'elle assimile, fixe et condense le plus possible de carbone, d'oxygène, d'hydrogène, d'azote, de matières minérales et autres éléments de l'atmosphère, du sol et des engrais.

« La plante doit, en second lieu, être placée dans un milieu où elle puisse exercer toute sa puissance d'assimilation ; le sol destiné à la recevoir doit être préparé par des travaux appropriés, pour avoir l'espace nécessaire au complet développement de ses racines et de ses organes aériens.

La terre doit être pourvue en proportion exacte des éléments qui lui font défaut (engrais) ; elle doit être façonnée pour accroître ses propriétés physiques (hygroscopicité, perméabilité, pouvoir d'absorption des gaz, vapeur, rosée, calorique, etc., pouvoir de rétention de l'eau nécesssaire à la végétation et de cession graduelle de cette eau pendant les sécheresses, etc.).

« Enfin, la plante doit posséder le sol entier sans partage avec les mauvaises herbes et être protégée contre les attaques des parasites de tous ordres, les maladies, et toute autre cause pouvant entraver son évolution à un moment quelconque et diminuer son effet utile.

« C'est dans la réunion de ces conditions que la plante-outil donne l'effet utile le plus grand et le maximum de rendement. Plus on s'en rapprochera, plus on élèvera les rendements de la culture.

« Mais on voit combien ces conditions sont multiples et complexes ; ce qu'elles exigent, pour leur réalisation, de science profonde, d'observation rigoureuse et d'expérimentation prolongée ; aussi, est-il bien rare de les voir réunies, même partiellement, dans l'exploitation agricole d'une contrée, quelle qu'en soit d'ailleurs l'étendue.

On est bien arrivé à des résultats remarquables pour certaines plantes ; on a ainsi obtenu en Allemagne et dans le nord de la France, des variétés de betteraves améliorées dont le rendement en sucre est passé de 4 à 5 p. 100 à 15, 18 et même 20 p. 100 : on y est arrivé par sélection, par hybridation et une culture perfectionnée ; on y est arrivé, alors que les praticiens proclamaient bien haut qu'on ne pourrait jamais dépasser les rendements obtenus par leurs pères et conservés par eux.

« La viticulture française, par des importations de cépages choisis, par des hybridations intelligentes, des croisements d'espèces variées méthodiquement suivis et des engrais appropriés, a créé des variétés de vignes qui donnent des rendements considérables, qui sont à l'abri du phylloxera et que les viticulteurs, grâce au concours de la science, savent défendre contre les nombreux insectes, cryptogames et autres ennemis qui compromettent trop souvent les récoltes et l'existence même des vignobles de la contrée.

« De même, en Danemark, par des procédés rationnels de culture, par des recherches scientifiques et pratiques prolongées, par une sélection habile, on est parvenu à avoir des variétés de blé et d'autres céréales très productives parfaitement adaptées au sol et au climat de chacune de ses régions.

« Pour les pommes de terre industrielles, on a pu aussi, par des moyens similaires, créer des sortes dont le rendement en fécule a été notablement augmenté. »

Plus loin, M. Tisserand, considérant la complexité du problème déclare :

« La recherche scientifique s'impose dès lors ; elle s'impose plus que jamais, — il est nécessaire, indispensable, de faire concourir à peu près toutes les sciences à la grande œuvre à accomplir, — chimie, physique, sciences naturelles, mécanique, biologie, physiologie, agrologie, géologie, phytotechnie, entomologie, pathologie animale et végétale, zootechnie, etc.

« Il faut faire appel à toutes les spécialités scientifiques qui touchent à l'agriculture et faire intervenir tous les hommes de progrès.

« C'est à cette condition seulement qu'on découvrira les moyens d'arriver à intensifier dans toute la mesure que nous désirons, la production agricole. »

Il appelle l'attention sur ce fait reconnu que « les pays qui ont fait le plus de progrès en agriculture et qui obtiennent les plus riches et abondantes moissons sont ceux qui ont multiplié chez eux, sur les bases les plus larges, les établissements de recherches et d'enseignement de l'ordre le plus élevé, et développé dans toutes les classes rurales le goût de l'expérimentation et la confiance dans les découvertes et les travaux de savants ainsi que dans l'efficacité de leur application ».

L'éminent rapporteur, conclut en disant que le chemin à suivre est tout indiqué. Il faut avoir un service de stations et laboratoires pour les recherches scientifiques et un service de vulgarisation et d'enseignement pour guider l'agriculture dans la voie du progrès.

Le présent projet de loi a pour objet l'organisation d'un tel service de recherches scientifiques intéressant l'agriculture.

Aux considérations qui précèdent, suffisantes à justifier la nécessité de cette organisation, nous ajouterons que celle-ci est, d'ailleurs, le complément logique de la loi du 6 janvier 1919, qui a créé les Offices agricoles départementaux et régionaux.

Ces offices, institués dans le but d'améliorer les méthodes de production, notamment par l'organisation de centres de démonstration et de vulgarisation, en vue d'intensifier la production agricole, se trouvent en présence de problèmes multiples, complexes, dont beaucoup ne pourront être résolus pratiquement, qu'après avoir fait l'objet de patientes recherches scientifiques dans les laboratoires.

Sans un service bien organisé de stations et de laboratoires où des chimistes, des physiciens et des naturalistes étudieront ces problèmes et, ainsi, méthodiquement, prépareront dans les voies de la science l'avenir même de l'agriculture, les offices agricoles seraient un jour réduits à une sorte d'empirisme et leurs efforts frappés de stérilité.

Ainsi considérée, l'organisation d'un service de recherches scientifiques apparaît comme la conséquence même de la loi du 6 janvier 1919.

.·.

Le service des recherches scientifiques appliquées à l'agriculture serait constitué par un ensemble de stations et laboratoires groupés par spécialités, et comprenant dans chacun des groupes, avec une station centrale, des stations régionales en nombre variable, suivant la nature des recherches à poursuivre et l'importance des besoins de l'agriculture de la région.

1° Stations agronomiques.

Pour permettre aux agriculteurs de la région de faire procéder dans les meilleures conditions possibles à des analyses d'engrais, de terres, d'eau, de boissons et denrées alimentaires, d'aliments du bétail, d'anticryptogamiques, et, d'une manière générale, de tous produits intéressant l'agriculture ou les industries agricoles locales, une station agronomique serait instituée (ou réorganisée si elle existe déjà) dans chacune des villes suivantes :

Lille, Arras, Amiens, Laon.

Châlons-sur-Marne, Nancy, Besançon.

Rouen, Caen, Chartres, Grignon, Versailles, Melun.

Blois, Auxerre, Dijon, Nevers.

Nantes, Laval, Rennes, Quimper.

Châteauroux, *Clermont-Ferrand*, Rodez.

Poitiers, Bordeaux, *Toulouse*, Montpellier.

Grenoble, *Avignon*, *Nice*.

Chacune de ces stations poursuivrait, en même temps, des recherches en vue de faire bénéficier l'agriculture de la région des récents progrès de la science.

Les noms en italique indiquent les villes où il n'existe actuellement aucune station agronomique et où celle-ci devra être créée; elles sont au nombre de 6 seulement.

Les 25 autres stations ou laboratoires comprennent 6 établissements appartenant au Ministère de l'agriculture, 16 stations appartenant aux départements et 3 stations relevant d'une Université.

Parmi les établissements départementaux, il s'en trouve quelques-uns dont l'installation est satisfaisante et auxquels il suffira d'accorder des subventions un peu plus élevées que par le passé pour assurer leur marche normale. Telles sont les stations de Rouen et de Nantes qui figurent respectivement aux budgets départementaux pour 39,000 et 40,000 francs mais qui n'ont jusqu'ici reçu de l'État que des subventions insignifiantes.

La station agronomique de Laon, en partie détruite pendant la guerre, figurait, en 1913, au budget départemental pour 12,000 francs. Les stations agronomiques de Versailles et d'Auxerre coûtent respectivement 12,000 francs et 14,500 francs aux départements de la Seine-et-Oise et de l'Yonne.

Il y a relativement peu à faire pour donner à ces établissements le développement qui convient.

Il n'en est pas de même quant aux autres stations agronomiques départementales et aux trois stations universitaires de Dijon, Besançon et Poitiers; elles sont dotées de crédits dont certains sont dérisoires et les subventions qu'elles reçoivent de l'État ne sont, elles-mêmes, la plupart du temps, que des subventions de principe.

En définitive, sur les 25 stations agronomiques qui existent, 20 ne sont que de petits laboratoires dont les moyens d'existence sont à peine assurés.

Notre projet de réorganisation ne comporte cependant pas leur transformation en établissements de l'État, rattachés au Ministère de l'agriculture. Il ne modifie pas leur situation administrative et prévoit, simplement, leur développement tant par le moyen de subventions de l'État plus larges qu'autrefois que par la mise à leur disposition de chimistes agronomes pris dans le cadre du personnel des stations agronomiques du Ministère de l'agriculture, lequel serait agrandi dans ce but. Cette manière de faire serait avantageuse pour les administrations départementales, puisqu'elle leur offrirait toutes garanties en ce qui concerne la compétence des agents à leur disposition. Elle serait également avantageuse pour le personnel qui, appartenant à un cadre national, aurait des possibilités d'avancement, par mutation, qui n'existent naturellement pas dans le cadre étroit d'une administration départementale. Par cette perspective, le recrutement du personnel technique des stations se trouverait beaucoup facilité.

Les mêmes mesures seraient appliquées aux stations agronomiques universitaires de Dijon, Besançon, Poitiers.

Mais on ne peut songer à doter chacun des établissements régionaux qu'il s'agit de créer ou de réorganiser, du matériel et aussi du personnel spécialisé nécessaires à entreprendre et à poursuivre des recherches scientifiques s'étendant à toutes les branches des sciences physiques, chimiques et biologiques. La dépense serait considérable et, le voudrait-on, qu'on ne trouverait pas à recruter le personnel qu'il faudrait.

Le mieux nous paraît être de se borner à instituer, pour les recherches d'ordre général que les stations régionales ne pourraient entreprendre, une station agronomique centrale, pourvue d'un matériel aussi complet et aussi perfectionné que possible. Cette station centrale comprendrait, notamment, une section pour l'étude des sols arabes, tant au point de vue physico-chimique qu'au point de vue microbiologique, question dont l'importance apparaît chaque jour plus considérable et dont, faute d'installations appropriées, l'étude n'a pu être entreprise en France. De même, elle comprendrait une section pour l'étude systématique des engrais, en vue d'élucider à leur sujet de nombreux problèmes dont la solution peut avoir d'importantes conséquences pratiques.

Une telle station devra être instituée, non dans une ville, mais à la campagne, au milieu d'un domaine assez grand pour qu'on puisse y pratiquer simultanément les principales cultures. La ferme de Gally, attenante au parc de Trianon, à Versailles, et qui appartient à l'État, convient admirablement : c'est sur une partie de ce domaine que serait édifiée la station agronomique centrale. C'est également sur cette partie de 25 hectares, et pour les mêmes raisons, que nous proposons d'édifier les stations de phytopathologie, d'entomologie, d'ornithologie agricoles, de production de semences d'élite, dont il sera question plus loin.

2° Stations agronomiques spéciales.

Un grand nombre de questions agricoles présentent une telle importance pour certaines régions, et leur étude exige un personnel si spécialisé, qu'il est absolument indispensable d'en réserver l'étude à des établissements également spécialisés, dont la plupart existent, d'ailleurs, depuis longtemps déjà.

A. — Industries de fermentation.

Stations œnologiques et pomologiques.

Parmi ces industries, celles du vin et du cidre intéressent directement les agriculteurs.

Il existe actuellement 8 stations œnologiques, situées à Narbonne, Montpellier, Nîmes, Toulouse, Bordeaux, Blois, Beaune et Auxerre, dont 6 appartiennent à l'État. Les stations d'Auxerre et de Blois sont des établissements départementaux : ce sont des stations mixtes, à la fois agronomiques et œnologiques, et dont il a été fait précédemment état au point de vue agronomique.

La station de Bordeaux, qui appartient à l'État présente ce même caractère.

Il est indispensable d'attacher au moins un préparateur à ces stations dont le personnel est le plus souvent réduit à un directeur et un garçon de laboratoire. D'autre part, quelques-unes devront être dotées du matériel nécessaire à entreprendre l'étude, depuis longtemps projetée et si importante, des applications du froid à la vinification.

Seule, la région de Champagne, malgré son importance, ne possède aucun établissement officiel de recherches viticoles : cette regrettable lacune peut être comblée facilement. Il suffira de donner dorénavant un large concours à la station œnologique d'Epernay, dont la création, déjà ancienne, est due à l'initiative privée et à laquelle on doit d'intéressants travaux sur la vinification spéciale des vins de Champagne qu'a publiés son directeur, M. Manceau.

La station agronomique de Caen, qui appartient à l'Etat, est en même temps une station pomologique : c'est même son caractère principal. Bien que de création déjà ancienne, cette station, faute de moyens matériels, n'a pu donner tout ce qu'on attendait d'elle. La fabrication rationnelle et méthodique du cidre reste à créer, et il est regrettable d'avoir à constater que la préparation de cette excellente boisson a pris un remarquable développement en Allemagne, en Angleterre et même en Espagne, alors qu'en France, où l'on récolte des pommes en si grande abondance, cette fabrication n'est pas encore sortie du plus fâcheux empirisme.

Nos voisins ont des instituts où l'étude scientifique de la préparation du cidre a été poursuivie avec succès. Il est nécessaire d'entrer enfin dans cette voie. Il suffira, pour cela, de doter la station de Caen d'un laboratoire de cidrerie, pourvu d'appareils d'étude permettant de poursuivre des recherches scientifiques dans des conditions se rapprochant de la pratique industrielle. Les associations agricoles et commerciales de la région ne manqueront pas d'ailleurs, si l'État prend cette initiative, d'apporter leur concours et d'aider au fonctionnement de l'établissement.

Il paraît nécessaire de ne pas limiter à la Normandie les études dont il s'agit; une station de pomologie devra être instituée à Rennes, dans l'École nationale d'agriculture. Toutefois, il ne semble pas indispensable de la doter également d'un laboratoire industriel aussi important que celui de Caen.

Indépendamment des recherches d'ordre immédiatement pratique à poursuivre dans les stations œnologiques et pomologiques, il ne faut pas négliger celles qui intéressent d'une manière générale les industries agricoles de fermentation comme la distillerie, la vinaigrerie, la fromagerie, etc. Deux stations de microbiologie agricole existent, dépendant, l'une de l'Institut agronomique, l'autre de l'École nationale de Grignon : il conviendra de leur donner plus de développement.

B. — Stations laitières.

La production du lait et de ses dérivés, le beurre et les fromages, présente un trop haut intérêt, à tous les points de vue, pour que des recherches scientifiques systématiques ne soient pas entreprises en vue d'amener cette industrie au degré de perfectionnement où elle est parvenue dans certains pays qui lui doivent maintenant une partie de leur fortune, la Hollande, le Danemark particulièrement

A cet effet, des stations de recherches pratiques devront être instituées dans les Écoles nationales d'industrie laitière de Mamirolle (Doubs) et de Poligny (Jura), ainsi qu'à l'École professionnelle de laiterie de Surgères et à l'École d'agriculture et de laiterie d'Aurillac ; mais, comme il ne s'agira là que de stations annexées à des chaires d'enseignement pratique, il convient d'organiser deux centres d'études générales d'ordre chimique et biologique, dotés d'un matériel scientifique approprié, qui seront annexés aux Écoles vétérinaires d'Alfort et de Lyon, ainsi qu'une station de recherches générales sur la production laitière, qui sera annexée à l'École de Rennes.

C. — Station oléicoles.

Dans le même ordre d'idées, une station de recherches scientifiques intéressant l'industrie des huiles est à créer à Marseille.

D. — Station des produits résineux.

L'étude des produits résineux et de la production des térébenthines, si importante pour la région landaise, est depuis plusieurs années poursuivie dans un laboratoire de la Faculté des sciences de Bordeaux. Il convient de développer cette station en lui accordant une subvention plus importante que par le passé.

E. — Stations de génétique et d'essais de semences.

Il existe actuellement trois stations d'essais de semences appartenant à l'État : à Paris, à Rennes et à Montpellier. La station de Paris a déjà rendu des services considérables, par les renseignements qu'elle fournit depuis longtemps aux agriculteurs, sur la nature et la qualité des graines qu'ils soumettent à son examen.

Mais il s'agit là d'un contrôle *a posteriori*, en quelque sorte.

Il faut faire plus.

On sait toute l'importance que présente l'emploi dans la culture betteravière de semences sélectionnées. Aucun agriculteur avisé ne consentirait maintenant à produire des betteraves avec une graine quelconque. Il devrait en être de même pour toutes les cultures, surtout pour le blé, l'avoine et la pomme de terre. Sans doute, trouve-t-on dans le commerce, pour certaines espèces, des graines dites sélectionnées, mais est-il admissible que, devant un problème aussi important pour la production nationale, l'État reste indifférent et s'en rapporte entièrement aux initiatives particulières.

Les résultats obtenus en Allemagne, notamment, montrent les avantages considérables qu'il y aurait, non pas à charger l'État de la production et de la vente des semences d'élite, mais à faire poursuivre, dans un établissement scientifique les études et les recherches susceptibles de guider les sélectionneurs du commerce dans la production des semences d'élite.

Aussi proposons-nous de créer à Versailles, sur la ferme de Gally, à côté de la station agronomique centrale, une station de génétique qui prendrait le nom de Station de phytogénétique.

F. — Stations de recherches viticoles et horticoles.

Des recherches de même ordre sur le choix des meilleurs cépages, en viticulture, comme sur celui des espèces et variétés en horticulture, sont déjà poursuivies dans quatre stations auxquelles il suffira de donner, tant en personnel qu'en matériel, des moyens d'action qui leur ont eté beaucoup trop parcimonieusement répartis jusqu'ici. Ce sont les stations viticoles de Paris (Institut agronomique) et de Montpellier (École nationale d'agriculture), la station de recherches horticoles (École d'horticulture de Versailles) et la station d'Antibes, laquelle relève du Ministère de l'Instruction publique, mais est subventionnée par le département de l'Agriculture.

G. — Stations de physiologie végétale.

Les recherches d'un caractère purement scientifique, sur la biologie des plantes, ne peuvent être négligées. Elles sont à la source même de tout progrès. De la découverte la plus spéculative peuvent découler des applications d'une incalculable portée.

Il ne sera d'ailleurs pas nécessaire de créer des stations nouvelles. Il suffira d'accorder aux stations existantes de Fontainebleau et de Meudon, qui relèvent du Département de l'Instruction publique, des subventions, au titre de l'agriculture, plus larges que par le passé; d'aider de la même façon quelques laboratoires du Muséum et de mieux doter, en personnel et en matériel, les stations de physiologie végétale annexées aux trois Écoles nationales d'agriculture, ainsi que la station de recherches de grande culture de l'École de Grignon.

H. — Stations des Épiphyties.

De même que les hommes se défendent contre les *épidémies*, qu'on défend les animaux contre les *épizooties*, il faut défendre les plantes contre les *épiphyties*.

Car toute plante a son ou ses parasites et ce que nous récoltons, c'est ce que ces parasites nous laissent. La part qu'ils prélèvent est considérable. C'est par centaines de millions qu'il faut l'évaluer.

Les plantes sont la proie de milliers d'espèces phytophages, insectes, cryptogames, bactéries, qui nuisent à leur développement et les dévorent sur place. La dîme qu'elles prélèvent représente dans l'ensemble 5o p. 1oo de la récolte. Elle dépasse de beaucoup leurs dégâts apparents, les seuls dont le monde agricole s'émeuve cependant.

L'alternance des cultures apparaît, en somme, surtout, comme un moyen de dépister les parasites et la jachère comme un moyen héroïque de les détruire par inanition.

Ces moyens empiriques de défense sont incompatibles avec les nécessités actuelles de la culture intensive. Ils sont au surplus bien insuffisants à notre époque où la fréquence des échanges et les facilités des communications ont multiplié les causes de contagion. D'ailleurs, ces méthodes ne sont naturellement pas applicables aux cultures continues, comme la vigne : aussi ces dernières sont-elles plus particulièrement la proie des parasites.

Il ne suffit donc pas de pourvoir aux besoins des plantes par les engrais, il faut encore les défendre contre leurs ennemis, si l'on veut assurer leur plein développement et profiter de la récolte.

Ce sont là des faits auxquels on n'a pas encore attaché toute l'importance qu'ils méritent.

Sans doute, la lutte contre les parasites est organisée dans tous les pays civilisés, mais elle semble limitée aux espèces dont les ravages sont particulièrement visibles et les procédés mis en œuvre sont encore bien primitifs.

Les remèdes actuels de la pharmacopée agricole sont le soufre, les sels de cuivre, les arsenicaux, la nicotine. C'est à peu près tout. Quatre toxiques contre des milliers de maladies parasitaires différentes !

En réalité, presque tout est à faire dans cette voie. Il faut, par des méthodes scientifiques, entreprendre patiemment, méthodiquement, l'étude des parasites des plantes; c'est seulement ainsi qu'on arrivera à connaître leurs points faibles, et, par suite, à découvrir les procédés susceptibles de les détruire.

Il faut, pour cela, donner aux stations actuelles, le développement qui convient à l'importance et à la nature du problème qui leur est posé.

Les établissements actuellement chargés de l'étude des insectes nuisibles à l'agriculture, sont les stations entomologiques de Paris, de Rouen, de Blois, de Saint-Genis-Laval (Rhône), de Montpellier et de Bordeaux, qui appartiennent au Ministère de l'agriculture.

En ce qui concerne les stations de province, il suffira de compléter leur installation et d'adjoindre un préparateur au directeur composant, à lui seul en ce moment, le personnel de chacune desdites stations. Par contre, une réorganisation complète de la Station de Paris, installée à l'Institut agronomique, s'impose. Il est tout d'abord nécessaire qu'elle soit transportée à la campagne et nous proposons sa réédification sur le domaine de la ferme de Gally, à Versailles-Trianon, à côté de la Station agronomique centrale et de la Station de phytogénétique précédemment visées.

Le personnel devra être renforcé de plusieurs préparateurs et chefs de travaux susceptibles d'être envoyés, sur place, dans les régions intéressées, procéder à des études prolongées sur les ravages de certains parasites et sur les méthodes susceptibles de les détruire. A cet effet, la station centrale disposera d'un matériel mobile et de quelques chalets-laboratoires démontables, qui permettront d'installer en plein vignoble, par exemple, des postes d'observation habitables pour le naturaliste chargé de la mission. C'est ainsi notamment qu'on procédera pour poursuivre les études commencées sur la cochylis et l'eudémis, notamment dans le vignoble de Champagne.

Un Insectarium a été récemment organisé à Menton, pour l'élevage des insectes auxiliaires, dont il convient d'assurer l'acclimatation parce qu'ils sont les ennemis mortels d'insectes parasites des plantes utiles auxquels il faut les opposer. C'est grâce à cet établissement, annexe de la station entomologique de Paris, qu'il a été possible de sauver l'agriculture provençale d'une destruction à laquelle elle était vouée par le rapide développement d'une redoutable cochenille australienne, l'*Icerya Purchasi*, importée accidentellement en 1912 sur le littoral méditerranéen. Il a suffi de lui opposer une petite coccinelle (bête à bon Dieu), dont le directeur de la station entomologique de Paris put se procurer, non sans peine, à la station italienne de Portici, quelques exemplaires qui donnèrent rapidement naissance à une importante colonie à l'Insectarium de Menton, pour arrêter les effrayants ravages de l'*Icerya Purchasi* et tenir désormais en échec ce redoutable parasite.

Il y a là une méthode de lutte biologique dont la généralisation doit être poursuivie et dont on peut attendre de magnifiques résultats. Il convient, dans ce but, de doter l'Insectarium de Menton d'une installation moins sommaire que celle dont il dispose actuellement.

On ne saurait négliger plus longtemps, dans le même ordre d'idées, l'étude de ces précieux auxiliaires que sont beaucoup d'oiseaux, comme aussi, dans un but inverse, l'étude des espèces prédatrices, dont la destruction doit être poursuivie. L'organisation, sur le domaine de Gally, d'une station d'ornithologie, à l'exemple de ce qui existe dans beaucoup de pays, nous paraît nécessaire.

Parallèlement aux recherches poursuivies sur les insectes phytophages, de naturalistes poursuivent, dans les stations de physiologie et de pathologie végétales de Paris, de Cadillac, d'Antibes, des écoles de Rennes, de Grignon et de Montpellier, l'étude des cryptogames parasites des plantes, tels que le mildiou et l'oïdium.

Comme précédemment, il suffira de compléter l'installation des stations de province et d'adjoindre un préparateur au directeur qui, actuellement, compose à lui seul, le personnel de ces établissements. Mais la Station de pathologie végétale de Paris, depuis longtemps installée rue d'Alésia, sur un terrain prêté par la Ville de Paris, devra être, comme la station d'entomologie, réédifiée sur le domaine de Gally, à Versailles-Trianon, et dotée du matériel et du personnel nécessaires à des travaux sur l'importance desquels il nous paraît inutile d'insister davantage.

I. — Stations de zootechnie.

Les recherches scientifiques sont aussi indispensables au développement de notre production animale qu'elles le sont à celui de notre production végétale. Elles ont été presque complètement délaissées jusqu'ici et le moment est venu de réagir en développant les stations de zootechnie qui existent dans les écoles nationales de Rennes et de Grignon, et en créant une station semblable à l'École nationale d'agriculture de Montpellier.

J. — Station de recherches scientifiques sur l'alimentation.

La question de l'alimentation rationnelle des animaux devra enfin être étudiée systématiquement et comme, en définitive, l'alimentation rationnelle de l'homme repose sur les mêmes principes, notre projet prévoit la création d'une station centrale de recherches scientifiques appliquées à l'alimentation de l'homme et des animaux.

Jamais les circonstances n'ont mieux démontré la nécessité de posséder des données précises pour résoudre ce grave problème de l'alimentation. Jusqu'ici, nous avons dû nous appuyer exclusivement, ou à peu près, sur le résultat des expériences faites à l'étranger, aux États Unis et en Allemagne, notamment, et, cependant, nulle question ne présente pour le pays une aussi grande importance, tant au point de vue économique du ravitaillement qu'à celui de l'hygiène publique.

Notre projet comporte l'organisation à Paris, dans les bâtiments construits rue de l'Estrapade par la Société d'hygiène alimentaire et d'alimentation rationnelle de l'homme, d'un centre de recherches physiques, chimiques et physiologiques sur l'alimentation en général.

Une chambre calorimétrique, dont la construction a été commencée par cette société et qui serait achevée par ses soins, permettrait d'expérimenter tant sur l'homme que sur de petits animaux.

Bien qu'il ne faille pas attendre de déterminations calorimétriques la mesure définitive de la valeur nutritive des aliments, cette méthode fournit cependant des indications d'un trop haut intérêt pour être négligée.

Le problème est plus complexe.

A la considération de composition élémentaire des aliments, s'est ajoutée celle du rapport qui doit exister, dans la ration, entre les matières azotées et les matières hydrocarbonées, puis celle de la nature intime de ces matières azotées, enfin, celle de la présence nécessaire, dans les aliments, de substances non encore définies, les vitamines indispensables à la conservation de la santé, au développement de l'individu et au maintien de certaines fonctions vitales essentielles.

Aussi, la station comporterait-elle, à côté d'un laboratoire de calorimétrie avec ses annexes, un laboratoire de recherches chimiques et un laboratoire de recherches physiologiques, dont les travaux seraient coordonnés par le Conseil supérieur des stations et laboratoires.

En outre, deux annexes de cette station centrale seraient instituées, l'une à l'École nationale vétérinaire d'Alfort, l'autre à la station zootechnique de l'École de Grignon, en vue de recherches scientifiques, spécialement sur l'alimentation rationnelle des animaux.

K. — Stations de recherches sur les maladies contagieuses des animaux.

Nous ne citerons que pour mémoire, dans ce projet, le laboratoire de recherches sur les maladies contagieuses des animaux qui fonctionne à l'École nationale vétérinaire d'Alfort, en ce sens qu'il s'agit là d'un des rares établissements de recherches scientifiques auxquels des moyens d'action, tant en personnel qu'en matériel, aient été assez largement donnés, pour que notre projet n'ait pas à proposer sa transformation.

Mais, cependant, si ses installations suffisent pour y poursuivre des travaux importants, les crédits annuels qui lui sont accordés ne permettraient cependant pas d'y entreprendre, avec toute l'ampleur désirable, des recherches sur la fièvre aphteuse.

De longues recherches ont été consacrées à cette maladie. En Allemagne, Lœffler, l'un des meilleurs élèves de Koch, a travaillé la question pendant près de vingt années au laboratoire de Greifswald. En France, les mêmes études furent entreprises par Nocard et Roux, et le laboratoire d'Alfort fut spécialement aménagé et édifié dans ce but.

Les résultats ont été très incomplets. On a obtenu un sérum certainement, mais très irrégulièrement actif, qui ne confère dans les conditions les plus favorables, qu'une immunité d'une dizaine de jours. L'obtention de ce sérum en grandes quantités est irréalisable. Pas de procédés de vaccination permettant de conférer une immunité prolongée.

On est d'accord sur ce point qu'il faudrait, avant toutes choses, découvrir un procédé de culture pure du virus, *in vitro* de préférence, *in vivo* si on peut obtenir de grandes quantités de matière virulente (sang, lait, liquides d'œdèmes ou d'épanchements). Ce but peut être atteint; il suffit pour cela d'une idée heureuse ou d'un simple hasard.

Mais ce ne sera là qu'un premier pas. Il faudra obtenir soit un sérum très actif, qui rendrait déjà de grands services, soit un vaccin véritable. Ce sera vraisemblablement la grosse difficulté.

Ce second résultat obtenu, il faudra encore déterminer les conditions de l'immunisation; si la plupart des animaux atteints une première fois résistent à une seconde atteinte : d'autres présentent successivement plusieurs évolutions aussi graves que la première.

Toutes ces difficultés sont prévues. On n'a aucune certitude de succès. Les recherches exigeront de la part des savants qui s'y consacreront une véritable abnégation; les chances d'un échec sont nombreuses; l'exemple du passé n'est pas encourageant, et de nouvelles méthodes n'ont pas été introduites dans la science en ces derniers temps.

Est-ce une raison pour renoncer à résoudre le problème ?

Nous le ne pensons pas.

Aussi, notre projet prévoit-il l'attribution au laboratoire d'Alfort d'un crédit de fonctionnement annuel de 150,000 francs, tant que dureront ces recherches.

L. — Stations séricicoles.

Les stations séricicoles de Montpellier, d'Alais et de Draguignan suffisent aux besoins de la sériciculture; cette dernière n'est pas, à proprement parler une station de recherches; elle est spécialement affectée au contrôle des grainages de vers à soie.

M. — Station d'apiculture.

L'élevage des abeilles mérite d'être encouragé et il paraît nécessaire d'avoir au moins une station où s'effectueraient des recherches sur la vie des abeilles, sur leur alimentation et, surtout, sur les procédés propres à défendre les ruchers contre les maladies parasitaires qui les atteignent, la redoutable loque, par exemple.

N. — Stations d'essais de machines.

La station d'essais de machines de Paris devra être dotée des crédits et du personnel qui correspondent au développement qu'il devient nécessaire de lui donner en raison du rôle considérable que les machines sont appelées à jouer désormais en agriculture.

Il existe à l'École nationale d'agriculture de Montpellier une station de génie rural et à l'École nationale de Grignon une station de machines agricoles qu'il convient également de réorganiser.

O. — Laboratoire central du Ministère de l'Agriculture.

Ce laboratoire, installé rue de Bourgogne, n° 42 *bis*, dans une annexe du Ministère de l'agriculture, a été créé en 1908, en vue de l'application de la loi sur la répression des fraudes et falsifications des denrées alimentaires et des produits agricoles. Il est chargé des enquêtes analytiques sur la composition de ces produits, de l'établissement des méthodes d'analyse en vue de déceler les fraudes et falsifications, et de l'étude de toutes les questions d'ordre chimique intéressant l'agriculture qui lui sont soumises par le Ministre.

Ce laboratoire est en outre chargé de l'analyse des échantillons de denrées et produits agricoles prélevés dans les départements de la région de Paris et de l'analyse des échantillons qui lui sont envoyés par les laboratoires de province, lorsque ces derniers ne possèdent pas les appareils nécessaires pour y procéder.

Aucune modification n'est à apporter à son organisation et à son fonctionnement.

P. — Laboratoire central des plantes médicinales, des produits hygiéniques et des médicaments.

Il en est de même pour ce laboratoire installé, en 1911, par le Ministère de l'agriculture, d'accord avec l'Université de Paris, dans les bâtiments de la Faculté de Pharmacie, pour l'étude des questions d'ordre scientifique que comporte l'application de la loi du 1er août 1905 en ce qui concerne la répression des fraudes sur les produits médicamenteux et les eaux minérales.

Cet établissement est, en outre, chargé de l'analyse des échantillons prélevés par les inspecteurs des pharmacies ou les agents du service de la répression des fraudes, dans 44 départements ; l'analyse des échantillons prélevés dans les autres départements est provisoirement confiée aux Écoles supérieures de pharmacie de Montpellier et Nancy, et aux écoles ou facultés mixtes de Marseille, Rennes, Nantes, Bordeaux, Lille, Lyon et Toulouse.

Il convient d'étendre maintenant le champ de ses recherches vers l'étude des plantes médicinales et des plantes à essences, dont la production et l'amélioration doivent être énergiquement poursuivies, afin de nous affranchir d'importations qui dépassent annuellement 20 millions de francs.

La variété de notre sol et de notre climat permettrait d'obtenir de très nombreuses espèces de plantes médicinales ou à essences que nos industries, si intéressantes, de la droguerie et de la parfumerie, sont dans l'obligation de demander maintenant à l'étranger parce que leur culture est délaissée en France.

*
**

Le programme des recherches scientifiques que nous avons ainsi tracé pourra paraître trop limité. Il serait certainement utile de créer d'autres stations que celles que nous avons indiquées, notamment pour l'étude des textiles, des produits tanniques, des plantes tinctoriales, des champignons comestibles, pour celle des industries de la viande et des issues, des industries du cuir et des peaux, des laines, des poils et des plumes et des produits d'équarrissage Mais tel qu'il est, ce programme est déjà très vaste, et nous avons cru devoir, en raison des circonstances, nous limiter à ce que nous considérons comme absolument indispensable aux recherches scientifiques qu'exige le relèvement de notre production agricole.

Dans le cadre ainsi tracé, il nous a paru qu'il convenait de ne pas multiplier les stations, estimant qu'il est infiniment préférable d'avoir un petit nombre d'établissements bien installés, dotés de crédits convenables et d'un personnel suffisant, qu'un trop grand nombre de stations dont l'existence serait nécessairement mal assurée.

Aussi bien les facilités de communications permettent-elles maintenant une régionalisation dont les avantages sont certains, alors qu'elle n'aurait pu se faire autrefois sans de sérieux inconvénients.

D'ailleurs, il entre dans le cadre de ce projet de continuer à faire appel à toutes les bonnes volontés et à utiliser toutes les compétences, en accordant, chaque année, sous forme de missions, des subventions à tous les savants appartenant à d'autres établissements publics ou privés, qui poursuivraient des recherches scientifiques intéressant l'agriculture et dont il conviendrait d'encourager les efforts.

Les missions dont il s'agit seraient accordées après examen et sur avis conforme du Conseil supérieur des stations agronomiques.

*
* *

Notre projet comporte en définitive la création ou la réédification de 20 stations ainsi que la réorganisation de 68 stations ou laboratoires sur les 75 qui existent et dont 17 sont des établissements départementaux (D), 9 des stations ou laboratoires dépendant des universités (U); 24 des annexes des établissements d'enseignement agricole ou vétérinaire; la station œnologique d'Épernay, seule, est un établissement libre.

STATIONS NOUVELLES À CRÉER.	STATIONS À RÉORGANISER.	STATIONS À NE PAS MODIFIER.
	Stations agronomiques.	
Versailles-Trianon.	Amiens, D.	Rouen, D.
Lille.	Arras, D.	Nantes, D.
Clermont-Ferrand.	Laon, D.	
Toulouse.	Châlons-sur-Marne, D.	
Grenoble.	Nancy, D.	
Avignon.	Besançon, U.	
Nice.	Caen.	
	Chartres, D.	
	Grignon.	
	Versailles, D.	
	Melun, D.	
	Blois, D.	
	Auxerre, D.	
	Dijon, U.	
	Nevers, D.	
	Laval, D.	
	Rennes.	
	Quimper.	
	Châteauroux.	
	Rodez.	
	Poitiers, U.	
	Bordeaux.	
	Montpellier.	
	Stations de technologie.	
"	Rennes.	"
	Montpellier.	
	Stations œnologiques.	
"	Narbonne.	"
	Montpellier.	
	Nimes.	
	Toulouse.	
	Épernay.	
	Bordeaux.	
	Blois, D.	
	Beaune.	
	Auxerre, D.	

7

STATIONS NOUVELLES À CRÉER.	STATIONS À RÉORGANISER.	STATIONS À NE PAS MODIFIER.
	Stations de microbiologie.	
"	Paris. Grignon.	"
	Station pomologique.	
Rennes.	Caen.	"
	Stations laitières.	
Lyon. Alfort. Rennes.	Surgères. Mamirolle. Aurillac. Poligny.	"
	Station oléicole.	
Marseille.	"	"
	Station des résines.	
"	Bordeaux, U.	"
	Stations de génétique et d'essais de semences.	
Versailles-Trianon.	Montpellier. Rennes.	Paris.
	Stations de recherches viticoles.	
"	Paris. Montpellier.	"

STATIONS NOUVELLES À CRÉER.	STATIONS À RÉORGANISER.	STATIONS À NE PAS MODIFIER.
Stations de recherches horticoles.		
″	Versailles. Antibes, U.	″
Stations de physiologie végétale.		
″	Fontainebleau. U. Paris, U. (Muséum). Meudon, U. Grignon.	″
Stations d'entomologie végétale.		
Versailles-Trianon.	Rouen, D. Blois. Menton. Saint-Genis-Laval. Bordeaux. Montpellier.	″
Stations de pathologie végétale.		
Versailles-Trianon.	Cadillac. Antibes, U. Rennes. Grignon. Montpellier.	″
Station d'ornithologie agricole.		
Versailles-Trianon.	″	″
Stations de zootechnie.		
Montpellier.	Grignon. Rennes.	″

STATIONS NOUVELLES À CRÉER.	STATIONS À RÉORGANISER.	STATIONS À NE PAS MODIFIER.
Stations de recherches sur l'alimentation de l'homme et des animaux.		
Paris. Alfort.	"	"
Station des maladies contagieuses des animaux.		
"	"	Alfort.
Stations séricicoles.		
"	"	Montpellier. Alais.
Station d'apiculture.		
Pithiviers.	"	"
Stations d'essais de machines et de génie rural.		
"	Paris. Montpellier. Grignon.	"
Laboratoire central du Ministère de l'agriculture.		
"	"	Paris.
Laboratoire central des plantes médicinales, des produits pharmaceutiques et des médicaments.		
"	Paris.	"

Les découvertes ne se commandent pas : elles sont parfois le résultat de recherches poursuivies dans des voies imprévues ; aussi faut-il, en cette matière, laisser le champ entièrement libre à toutes les initiatives.

Mais ce serait une erreur de croire que le chercheur, dans son laboratoire, tient à rester isolé. Au contraire, il sollicite les conseils autorisés. Il s'informe pour savoir si d'autres ne poursuivent pas des recherches analogues aux siennes, car les résultats obtenus par ailleurs peuvent l'éclairer sur les faits qu'il a pu observer et, souvent même, par voie incidente, lui suggérer des aperçus nouveaux.

De même, rien n'est plus encourageant pour celui qui, dans le silence du laboratoire, poursuit une recherche, que de savoir ses efforts suivis par ses pairs, comme aussi de penser que, s'il aboutit, il aura fait une œuvre utile et parfois rendu un service immédiat.

Il ne suffit donc pas de créer un réseau de stations et de laboratoires de recherches, bien outillés et pouvus d'un personnel suffisant, il faut encore en coordonner avec soin tous les éléments. Aussi notre projet prévoit-il que la direction technique de l'ensemble sera confiée à un Conseil supérieur des stations agronomiques et laboratoires agricoles, composé de membres élus par l'Académie des sciences, de membres élus par l'Académie d'agriculture, de membres désignés par le Ministre de l'agriculture et de membres choisis par le conseil supérieur lui-même parmi les notabilités agricoles.

C'est à ce conseil qu'incombera le soin de documenter les stations et laboratoires sur les recherches scientifiques intéressant l'agriculture poursuivies tant en France que dans le monde entier.

Il devra, pour cela, disposer d'une bibliothèque centrale aussi complète que possible, dont le fonds sera alimenté par les journaux, recueils, revues techniques publiés à l'étranger, qui devront être systématiquement dépouillés au fur et à mesure de leur arrivée, en vue de la rédaction de fiches documentaires. Il sera ainsi possible de répondre rapidement et sûrement à toute demande de renseignement bibliographique, sur une question donnée, qui sera adressée par telle ou telle station au Conseil supérieur.

Chaque établissement pourra, dans ces conditions, se contenter d'une bibliothèque restreinte, contenant les ouvrages classiques, et recevoir seulement les quelques périodiques spéciaux qui l'intéressent particulièrement ; alors qu'à défaut d'un service central de documentation bibliographique, chacune des stations serait amenée à consacrer des crédits élevés à la constitution d'une bibliothèque propre, laquelle resterait forcément toujours très incomplète.

En outre, le Conseil devra assurer la publication d'annales agronomiques contenant en extrait ou *in extenso*, s'il y a lieu, les notes et mémoires scientifiques intéressant l'agriculture, parus dans les publications étrangères. Dans ces annales, seront publiés les résultats des travaux de nos stations et laboratoires, ainsi que les comptes rendus des missions accordées sur la proposition du conseil supérieur à des techniciens n'appartenant pas à ces établissements. Aussi bien, cette publication constituera-t-elle un compte-rendu justificatif du bon emploi des crédits accordés par le Parlement au service des recherches scientifiques appliquées à l'agriculture.

Les annales feront connaître au monde agricole l'état de nos connaissances scientifiques en ce qui concerne leurs applications à l'agriculture. Depuis la disparition, déjà ancienne, des *Annales agronomiques* que publiait l'éminent professeur Deherain, nous ne possédons en France aucun périodique de ce genre.

Les travaux poursuivis sur les maladies parasitaires des plantes font cependant, depuis 1912, l'objet d'une publication annuelle, les *Annales des épiphyties* : elles continueront à paraître, sous la direction du Conseil supérieur des stations, car, en raison de leur caractère spécial, il est préférable de ne pas les fondre dans les *Annales agronomiques* et de continuer leur publication sans en modifier la forme.

Enfin, il appartiendra au Conseil supérieur des stations de dresser, chaque année, une sorte de programme des recherches qu'il y aurait intérêt à entreprendre simultanément, en divers points du territoire, et dont il fixera les modalités, afin de pouvoir en coordonner les résultats. Cette méthode de travail collectif permettra certainement d'élucider de nombreux problèmes, dès longtemps posés, dont nous ne possédons encore que des solutions incertaines, faute d'avoir été méthodiquement étudiés.

*
* *

La réalisation du plan de réorganisation qui vient d'être exposé entraîne des dépenses de premier établissement et des dépenses annuelles de fonctionnement que nous allons examiner.

Dépenses de premier établissement.

1° *Stations centrales de Versailles-Trianon.*

Les stations à édifier sont les suivantes :

Station centrale agronomique, station de phytogénétique, station d'entomologie végétale, station de pathologie végétale, station d'ornithologie agricole.

Il n'entre pas dans nos vues d'édifier des bâtiments somptueux, mais au contraire des constructions répondant simplement à leur destination, c'est-à-dire au travail de laboratoire

Elles constitueront un groupement de cinq pavillons, avec une partie commune comprenant chacun, en dehors des salles de laboratoire appropriées, un bureau, une salle de bibliothèque et de collection, le logement d'un garçon de laboratoire et une ou deux chambres de garde pour le personnel.

Le terrain de vingt-cinq hectares qui serait réservé à ces stations sur le domaine constituant actuellement la ferme de Gally, serait mis en exploitation par un chef de culture, assimilé aux chefs de travaux de laboratoire et placé sous la direction d'un comité constitué par les directeurs des cinq stations, également intéressés à trouver dans le domaine toutes les cultures nécessaires aux recherches à poursuivre dans leurs laboratoires respectifs.

Le comité serait assisté d'un agent comptable, régisseur du domaine et des stations, pris parmi les secrétaires de laboratoire.

En dehors des stations proprement dites, il y a donc lieu de prévoir l'habitation du chef de culture et celle de l'agent comptable.

Aux dépenses de construction et d'aménagement s'ajouteront les dépenses d'outillage des stations, mais seulement en ce qui concerne la station agronomique et celles de phytogénétique et d'ornithologie, car, ainsi que nous l'avons indiqué précédemment, les Stations d'entomologie et de phytopathologie de Paris étant transférées à Versailles-Trianon, y apporteront leur matériel et leurs collections.

Un crédit de 1,600,000 francs est nécessaire.

2° Station de recherches scientifiques sur l'alimentation de l'homme
et des animaux.

Ainsi qu'on l'a exposé précédemment, cette station, comprenant trois laboratoires ou sous-stations, serait installée à Paris dans les locaux de la Société d'hygiène alimentaire de l'homme et des animaux, rue de l'Estrapade.

Les frais d'aménagement à la charge de l'État, l'achat du matériel et des appareils de laboratoire entraîneront une dépense de 125,000 francs seulement, la Société prenant à son compte les dépenses d'installation de la chambre calorimétrique, évaluées à 200,000 francs environ.

3° Stations régionales.

Les stations nouvelles à édifier sont, ainsi qu'il a été dit précédemment :

A. — Les Stations agronomiques de Lille, Clermont-Ferrand, Toulouse, Grenoble, Avignon et Nice, la Station oléicole de Marseille et la Station d'apiculture de Pithiviers : soit huit établissements. Les frais d'édification ou d'aménagement pour ceux qu'il sera possible d'organiser dans des locaux pris à bail ou offerts par les villes ou les départements intéressés, ainsi que les dépenses d'outillage, sont évalués à la somme globale de 600,000 francs.

B. — La Station pomologique de Rennes, à organiser à l'École nationale d'agriculture de cette ville ; les Stations de zootechnie à organiser à l'École nationale vétérinaire d'Alfort et à l'École nationale d'agriculture de Montpellier ; les Stations laitières à organiser dans les Écoles nationales vétérinaires d'Alfort et de Lyon et à l'École nationale d'agriculture de Rennes.

Pour ce groupe, la dépense sera moindre que dans le cas précédent, car il s'agit plutôt de frais d'outillage et d'aménagement des locaux dépendant des écoles que de constructions à édifier.

Un crédit de 350,000 francs sera suffisant.

4° Stations et laboratoires à réorganiser.

La réorganisation, au point de vue matériel, de 68 stations sur les 75 énumérées au tableau précédent consiste surtout à compléter leur outillage, tant par l'acquisition d'appareils (microscopes, polarimètres, balances de précision, étuves, autoclaves, etc.) que de matériel courant et de produits. Mais des dépenses d'aménagement et d'agrandissements sont à prévoir pour certaines. Tenant compte de l'aide qu'on trouvera sans doute auprès des départements pour la réorganisation de ceux de ces établissements qui sont départementaux, on peut se borner à prévoir une dépense moyenne de 6,000 francs, soit à prévoir un crédit de 600,000 francs, auquel il y a lieu d'ajouter 100,000 francs pour la création d'un laboratoire industriel de cidrerie à la Station pomologique de Caen.

5° Bibliothèque centrale — Service de documentation.

Les frais d'aménagement et d'achat d'un fonds de livres de cette bibliothèque, qui serait installée à côté de la Station de recherches sur l'alimentation de l'homme et des animaux, rue de l'Estrapade, sont évalués à 100,000 francs.

En résumé, les dépenses de premier établissement s'élèveront à :

Stations de Versailles-Trianon...............	1,600,000ᶠ
Station de recherches sur l'alimentation........	125,000
Stations régionales à créer.................	950,000
Réorganisation des stations actuelles..........	700,000
Bibliothèque centrale, service de documentation.	100,000
TOTAL...................	3,475,000

Ce crédit pourrait être divisé en quatre annuités.

Dépenses de fonctionnement.

1° Personnel.

Le personnel des stations et laboratoires énumérés ci-avant comprend actuellement plusieurs catégories :

1° Un cadre régulier de 102 personnes. — Deux inspecteurs généraux, l'un naturaliste, l'autre chimiste ; 37 directeurs ou sous-directeurs (dont 3 ont le titre d'inspecteur) ; 37 chimistes et naturalistes (chefs de travaux, chimistes principaux et préparateurs) ; 17 garçons de laboratoire ; 9 secrétaires commis et dactylographes, dont 6 sont détachés comme secrétaires et dactylographes du service de la répression des fraudes.

Le traitement de ces fonctionnaires est actuellement fixé par la loi du 6 octobre 1919 et les décrets des 8 et 9 décembre 1919 (1).

____

(1) Ces textes ont été remplacés par les décrets des 25 août et 27 novembre 1921 (voir pages 27 et 34).

2° Un cadre auxiliaire de 48 personnes. — Le personnel des stations et laboratoires annexés aux établissements d'enseignement agricole est en presque totalité emprunté au personnel enseignant desdits établissements ; aussi ne reçoit-il aucun traitement, mais seulement une indemnité non soumise à retenue et variable suivant l'importance de la fonction.

De même, certaines stations sont dirigées par des professeurs de l'Université ou par des techniciens n'appartenant pas au cadre des agents réguliers. Comme dans le cas précédent, ils reçoivent non un traitement, mais une indemnité non soumise à retenue.

On compte ainsi, au titre auxiliaire :

   18 directeurs ou sous-directeurs,

   22 chimistes ou naturalistes (chefs de travaux et préparateurs),

    8 garçons de laboratoire,

soit 48 personnes.

3° Personnel non rétribué par l'Agriculture. — Le personnel des stations et laboratoires qui n'appartiennent pas au Ministère de l'agriculture mais sont subventionnés par ce département, comprend 53 fonctionnaires départementaux et 10 fonctionnaires des universités.

L'effectif technique total des stations et laboratoires est ainsi de 179 personnes, mais si on défalque le personnel du Laboratoire central du Ministère de l'agriculture et celui du Laboratoire central des produits médicamenteux, qui se composent de 21 agents, on voit que le personnel technique des 73 autres établissements de recherches scientifiques intéressant l'agriculture existant actuellement, les uns appartenant au Ministère de l'agriculture, les autres subventionnés par lui, comprend, au total, 158 personnes, soit une moyenne un peu supérieure à 2 par établissements : un directeur avec un préparateur, rarement deux.

Signalons, sans autrement insister, que le Service des stations et laboratoires agronomiques des États-Unis compte un personnel technique de 1,850 chimistes et naturalistes.

Notre projet maintient le groupement en trois catégories Il ne saurait, en effet, être question de renoncer à la collaboration des membres du corps enseignant, soit de l'Université, soit des établissements d'enseignement agricole, étant entendu que cette collaboration continuera à être rémunérée par une indemnité et non par un traitement.

Nous comptons, au contraire, associer plus largement encore que par le passé le personnel de l'enseignement aux recherches du laboratoire, sans cependant penser qu'il sera possible de trouver ainsi le personnel nécessaire au service des stations réorganisé et augmenté de 19 établissements nouveaux.

D'autre part, et pour les raisons que nous avons exposées précédemment, il y a un très sérieux intérêt à développer les établissements actuellement subventionnés, en mettant du personnel à leur disposition, plutôt qu'en élevant le chiffre des subventions qui leur sont accordées. Pour ces raisons, notre projet comporte l'augmentation suivante du cadre du personnel des deux premières catégories :

	NOMBRE	
	PROPOSÉ.	ACTUEL.
Personnel régulier.		
Inspecteurs généraux,.........................	2	2
Directeurs	43	23
Sous-Directeurs.............................	15	14
Chefs de travaux et préparateurs................	124	37
Secrétaires, commis et dactylographes............	10	3
Garçons de laboratoire.......................	56	17
	250	96
Personnel auxiliaire.		
Directeurs.................................	8	18
Chefs de travaux et préparateurs................	20	22
Garçons de laboratoire.......................	10	8
	38	48
Totaux.................	288	144

Faute d'un personnel suffisant, beaucoup de stations et laboratoires n'ont pu être ouverts au public. Tel est le cas des stations œnologiques de Narbonne, Nîmes, Toulouse, de la station microbiologique de Paris, des stations d'entomologie et de phytopathologie et, d'une manière générale, des stations annexées aux écoles.

Dans les autres, les services des analyses, examens, déterminations et recherches effectués à titre onéreux, tant pour les particuliers que pour les associations agricoles ou commerciales, tel qu'il fonctionne, est, à quelques exceptions près, loin de répondre à des besoins qui s'accroissent sans cesse. Néanmoins, les recettes s'élèvent, pour l'ensemble, à environ 200.000 francs par an.

Elles pourraient facilement atteindre un million si, en principe, toutes les stations étaient ouvertes au public et dotées, indépendamment du matériel approprié, d'un personnel suffisant pour que les travaux exécutés pour le public puissent se faire sans nuire aux travaux de recherches scientifiques, dont les stations ne doivent pas être détournées.

D'autre part, il y a lieu d'espérer que l'exemple donné par quelques départements (la Seine-Inférieure, la Loire-Inférieure et la Seine-et-Oise, notamment), sera suivi et que les Assemblées départementales voudront aider au développement des stations de leur région, ou doter plus largement leurs stations et laboratoires départementaux.

Dans le même ordre d'idées, on doit escompter l'aide des associations agricoles et celle des associations commerciales et industrielles, des syndicats du commerce des vins, des cidres, des eaux-de-vie, par exemple, dont les intérêts sont liés à la production agricole.

*
* *

Administration des stations et laboratoires.

Nous venons de faire état de recettes que procureront aux stations et laboratoires, les analyses et les travaux de recherches exécutés, à titre onéreux, à la demande des particuliers et des associations, ainsi que de subventions provenant d'associations ou des départements.

Si le statut administratif actuel des stations et laboratoires n'est pas modifié, les recettes dont il s'agit devront être versées au Trésor et ne seront profitables aux établissements que si une somme correspondante est, chaque année, inscrite dans le budget des dépenses, au chapitre « Matériel des stations ». Or, cette inscription est aléatoire.

S'il importe que l'activité des stations ne soit pas entièrement détournée et absorbée par des travaux et des analyses payantes, par contre, il est non moins nécessaire que les stations et laboratoires ne se confinent pas dans les recherches spéculatives et perdent peu à peu tout contact avec les besoins immédiats de l'agriculture. C'est cependant cette orientation qu'elles ne manqueraient pas de prendre si les recettes ne devaient pas leur profiter.

Quant aux subventions, elles devront être versées à l'État à titre de fonds de concours pour dépenses publiques et rattachées, par décret, au budget du Ministère de l'agriculture. Mais cette interposition de l'État, entre les donateurs et les établissements auxquels sont destinées leurs libéralités, laisse trop souvent, — bien à tort d'ailleurs mais c'est un fait d'observation —, l'arrière-pensée, surtout chez les particuliers, que les sommes versées vont se perdre dans le Trésor et ne sont pas affectées à leur objet.

D'autre part, les crédits non utilisés tombant en annulation à la fin de l'année, les stations ne sont pas assez intéressées à réaliser des économies qu'elles trouveraient peut-être le moyen de faire s'il leur était possible de constituer, avec les sommes économisées, une réserve pour l'achat de certains appareils ou la réalisation de certaines expériences coûteuses.

Enfin, pour certaines recherches longues et exigeant la mise en œuvre d'importants matériaux, les règles administratives sont une entrave sérieuse. Ainsi, lorsque des recherches sur la fièvre aphteuse seront entreprises à nouveau au laboratoire des maladies contagieuses d'Alfort, il sera nécessaire que les très nombreux animaux d'expérience puissent être achetés et revendus librement.

L'obligation de la vente par les Domaines des sujets utilisés suffirait à elle seule pour rendre toute recherche impossible. La location est extrêmement onéreuse et aléatoire : la revente d'animaux à peine dépréciés par les épreuves subies permet leur utilisation économique.

Pour ces raisons, nous estimons qu'il serait avantageux, à tous points de vue, de confier, sous l'autorité du Ministre de l'agriculture, la gestion administrative et technique des stations et laboratoires à un institut, auquel serait reconnu le caractère d'établissement public, et auquel iraient, avec les subventions annuelles de l'Etat, inscrites au budget du Ministère de l'agriculture, celles des particuliers, des associations et des départements, les recettes pour travaux d'analyse ou de recherches faites à titre onéreux, et enfin, les dons, legs et libéralités qui ne manqueraient certainement pas de lui être faits en raison du caractère et du haut intérêt qui s'attache à l'œuvre poursuivie.

Une telle organisation aurait la souplesse d'une institution privée, tout en offrant les garanties d'une institution d'État.

L'institut prendrait le nom d'*Institut des Recherches agronomiques*. Il serait administré, sous l'autorité du Ministre de l'agriculture, par un Directeur assisté d'un Conseil d'administration formé par le Conseil supérieur des stations et laboratoires agronomiques actuels, mais dont la composition serait un peu modifiée : il serait composé de 25 membres nommés pour trois ans, dont un membre désigné par le Sénat, un membre désigné par la Chambre des députés, 9 membres désignés par l'Académie des sciences, 6 membres désignés par l'Académie d'agriculture, 4 membres désignés par arrêté du Ministre de l'agriculture et 4 membres désignés par le Conseil d'administration lui-même et choisis parmi les notabilités agricoles.

Les opérations du budget de l'institut seraient centralisées par un comptabl spécial, justiciable de la Cour des comptes, suivant des règles qui seraient fixées par un règlement d'administration publique, sur la proposition des Ministres de l'agriculture et des finances, règlement qui déterminerait d'ailleurs les conditions de fonctionnement de l'institut.

Quant au personnel des stations et laboratoires et au personnel de l'institut, les cadres, les traitements et le statut seraient fixés par décret rendu sur la proposition des Ministres de l'agriculture et des finances.

Les nominations seraient faites par le Ministre de l'agriculture sur la proposition du directeur de l'institut et ce dernier lui-même nommé par décret, sur une liste de présentation dressée par le Conseil d'administration.

Quant au personnel de secrétariat, il serait fourni par les secrétaires, commis et dactylographes des stations et laboratoires.

En dehors de ce cadre de fonctionnaires, nommés par le Ministre de l'agriculture et payés directement par l'État, l'institut aurait la possibilité d'attacher aux stations et laboratoires un personnel supplémentaire, nommé par le Directeur de l'institut et rétribué sur ses disponibilités ; il pourrait indemniser les savants dont la collaboration temporaire serait jugée utile en vue de certaines recherches.

Enfin, il appartiendrait à l'institut d'accorder des subventions, sous forme de missions à des savants isolés ou appartenant à d'autres administrations, pour les aider à poursuivre des travaux intéressant l'application des sciences à l'agriculture.

La réalisation de notre projet ne peut être immédiate. Il convient de prévoir qu'elle exigera quatre années pendant lesquelles les crédits actuels seraient progressivement élevés, comme l'indique le tableau suivant, pour atteindre en 1923 seulement les chiffres ci-dessus prévus :

	CRÉDIT ACTUEL.	CRÉDITS NÉCESSAIRES.			
		PREMIÈRE ANNÉE.	DEUXIÈME ANNÉE.	TROISIÈME ANNÉE.	QUATRIÈME ANNÉE.
	francs.	francs.	francs.	francs.	francs.
Dépenses de premier établissement.					
Création et réorganisation des stations et laboratoires........	"	868,750	868,750	868,750	868,750
Dépenses annuelles.					
Personnel des stations et laboratoires........	886,000	1,246,750	1,607.500	1,968,250	2,329,000
Indemnités et allocations diverses..........	146,000	195,250	244,500	293,750	343,000
Matériel, frais de missions et d'impressions.	353,000	614,750	876,500	1,138,250	1,400,000
Totaux........	1,385,000	2,056,750	2,728,500	3,400,250	4,072,000

*
* *

Entraînée par les professeurs d'agriculture, qui multiplient leurs efforts pour faire hâter le pas à ses lourdes colonnes, notre agriculture est entrée résolument dans la voie du progrès scientifique.

Le service des recherches scientifiques que nous vous proposons d'organiser est une sorte d'avant-garde, chargée d'explorer le terrain et de tracer les routes sur lesquelles, guidées par les services d'enseignement, ces colonnes s'engageront demain.

C'est aux savants les plus éminents et les plus avertis de notre pays que nous voulons confier la direction de ce service, lequel serait constitué par les laboratoires et les stations actuels, désormais dotés d'un personnel et d'un matériel suffisants, auxquels viendraient s'ajouter quelques stations nouvelles. Les efforts de ce réseau d'établissements de recherches seraient coordonnés et orientés vers des buts immédiats; par ailleurs, il serait fait appel à toutes les compétences et à tous les concours.

Nous avons la conviction qu'un service de recherches scientifiques ainsi constitué est indispensable, aussi bien pour obtenir le relèvement rapide de notre production que pour donner à notre agriculture le magnifique développement que, dès à présent, la science est en mesure de lui prédire pour un avenir prochain.

Tel est l'objet du projet de loi que nous soumettons à votre approbation.

PROJET DE LOI.

Le Président de la République française,

Décrète :

Le projet de loi dont la teneur suit sera présenté à la Chambre des députés par le Ministre de l'agriculture et par le Ministre des finances, qui sont chargés d'en exposer les motifs et d'en soutenir la discussion :

ARTICLE PREMIER.

Il est institué au Ministère de l'agriculture un Office chargé de développer les recherches scientifiques appliquées à l'agriculture en vue de relever et d'intensifier la production agricole.

Cet Office qui prend le nom d'*Institut des Recherches agronomiques* est déclaré établissement d'utilité publique.

Il a la direction technique et administrative des stations et laboratoires dépendant du Ministère de l'agriculture; il subventionne les établissements appartenant à d'autres administrations publiques ou privées où se poursuivent des recherches scientifiques intéressant l'agriculture et, d'une manière générale, prend toutes mesures propres à encourager les savants à se consacrer auxdites recherches.

L'institut publie, dans un recueil périodique spécial, le compte-rendu des travaux scientifiques intéressant l'agriculture effectués tant en France qu'à l'étranger et constitue, à cet effet, des fiches bibliographiques qui sont tenues à la disposition des stations et laboratoires.

ART. 2.

Il est administré, sous l'autorité du Ministre de l'agriculture, par un Directeur assisté d'un Conseil d'administration composé de 25 membres dont un membre désigné par le Sénat, un membre désigné par la Chambre des Députés, huit membres désignés par l'Académie des sciences, cinq membres désignés par l'Académie d'agriculture, quatre membres désignés par le Conseil d'administration lui-même et choisis parmi les notabilités agricoles et six membres désignés par arrêté du Ministre de l'agriculture.

Un règlement d'administration publique déterminera les conditions de fonctionnement de l'institut.

ART. 3.

Les ressources de l'Institut des Recherches agronomiques comprennent :

1° Les subventions annuelles de l'État inscrites au budget général du Ministère de l'agriculture;

2° Les subventions, dons, legs, libéralités et fonds de concours de toute nature, provenant d'administrations publiques, d'associations syndicales ou autres ou de particuliers;

3° Toutes recettes qui pourraient être faites par l'Institut des Recherches agronomiques, en rémunération des services rendus au public par ses stations et laboratoires.

ART. 4.

Les dépenses de l'Intitut des Recherches Agronomiques comprennent :

1° La rémunération du personnel de l'institut et des stations et laboratoires;

2° Les frais d'entretien et de fonctionnement des stations et laboratoires;

3° Les subventions et frais de mission aux établissements ou aux savants poursuivant des recherches scientifiques intéressant l'agriculture;

4° Les frais d'entretien et de fonctionnement du service de bibliographie et de publication, ainsi que la location et l'entretien des bureaux et locaux de l'institut.

ART. 5.

Les recettes et les dépenses de l'Institut des Recherches agronomiques seront effectuées par un comptable spécial, justiciable de la Cour des comptes.

Un règlement d'administration publique, contresigné par les Ministres de l'agriculture et des finances, déterminera les règles financières et comptables applicables à la gestion de l'institut.

ART. 6.

Le Directeur de l'Institut des Recherches agronomiques est nommé par décret sur une liste de présentation dressée par le Conseil d'administration.

Le personnel des stations et laboratoires et du service central de l'institut est nommé par le Ministre de l'agriculture sur la proposition du Directeur de l'institut. Un décret contresigné par le Ministre des finances fixera les cadres, le traitement et le statut de ce personnel.

ART. 7.

Le Ministre de l'agriculture est autorisé à engager, en vue de l'installation des services des recherches scientifiques appliquées à l'agriculture, des dépenses s'élevant au total à 3,475,000 francs et réparties sur quatre exercices.

Fait à Rambouillet, le 31 juillet 1920.

Signé : P. DESCHANEL.

Par le Président de la République :

Le Ministre de l'agriculture,

Signé : J.-H. RICARD.

Le Ministre des finances,

Signé : F. FRANÇOIS-MARSAL,

NOTE. — Les dispositions de ce projet de loi ont été approuvées par le Parlement, qui a condensées en un article de loi unique : article 79 de la loi de finances du 30 avril 19 (voir rapport au Président de la République, page 5).

IMPRIMERIE NATIONALE. — 480-465-1921.